区域健康水循环与水资源高效利用研究

吕素冰　著

科学出版社
北　京

内 容 简 介

本书在阐述"自然—社会"二元水循环和健康水循环认知模式，以及水资源高效利用基本理论的基础上，对区域健康水循环进行评价，剖析城市化对水循环的影响，深入分析区域水资源利用演变规律及驱动因子，并核算农业、工业、生活水资源利用效益，最后实证评价实行最严格水资源管理制度考核。

本书可供流域与区域水循环、水资源管理、水资源利用等领域的工作人员，以及水资源、城市水利、水利经济等领域的科研、管理人员和高等院校师生参考。

图书在版编目(CIP)数据

区域健康水循环与水资源高效利用研究/吕素冰著. —北京：科学出版社，2019.5

ISBN 978-7-03-059003-9

Ⅰ.①区… Ⅱ.①吕… Ⅲ.①区域资源-水资源利用-研究-河南 Ⅳ.①TV213.9

中国版本图书馆 CIP 数据核字(2018)第 229160 号

责任编辑：孙伯元 / 责任校对：郭瑞芝
责任印制：吴兆东 / 封面设计：十样花

科 学 出 版 社 出版
北京东黄城根北街 16 号
邮政编码：100717
http://www.sciencep.com
北京中石油彩色印刷有限责任公司 印刷
科学出版社发行 各地新华书店经销
*
2019 年 5 月第 一 版 开本：720×1000 1/16
2019 年 5 月第一次印刷 印张：10
字数：202 000

定价：88.00 元

前　言

水是人类社会发展最重要的、不可替代的自然资源，也是区域健康发展不可或缺的生态要素。近年来，由于现代科学技术的飞速发展，经济发展成为人类社会的主题，人类对区域水资源的需求日益增加。城市化进程中伴随着区域水资源短缺、污染严重、旱涝频繁、河道侵占、水生态退化等现象。每年不同的区域都会以不同的方式经历不同程度的水危机。区域健康水循环和水资源高效利用等概念相继被提出。区域健康水循环有助于提升水资源的利用，而水资源的高效利用反过来促进区域健康水循环，两者相互依赖，相辅相成。

受水资源本底条件、经济社会发展压力和人口规模扩大的影响，河南省及省内中原城市群的水循环和水资源利用问题较为突出。本书以区域健康水循环评价和水资源高效利用为主要研究内容。首先，健康水循环评价从省域角度，构建河南省健康水循环评价体系；从市域角度，阐明城市化对中原城市群水循环的影响。然后，水资源高效利用重点解析河南省水资源利用的演化规律，并核算河南省水资源利用效益。最后，阐述实行最严格水资源管理制度考核评价及制度落实措施。

本书的研究成果得到了国家重点研发计划（2016YFC0401401）、国家自然科学基金项目（51609083、51579101、41501025、51509089、51709111）、河南省科技创新杰出青年项目（184100510014）的支持，并得到大连理工大学许士国教授，华北水利水电大学邱林教授、王富强教授、王文川教授、万芳博士、李庆云博士、孙艳伟博士、赵衡博士和康萍萍博士的指导与支持，在此深表感谢。

本书参考了国内外水资源利用及其相关领域众多学者的著作及科研成果，在此致以诚挚的谢意。

由于作者水平有限，书中难免存在不妥之处，敬请各位读者批评指正。

目　　录

第1章 绪 论

1.1 概 述

水资源是循环性资源，是可再生性资源。随着工业化、城市化的发展及生活水平的提高，人类活动对水资源自然循环的扰动和影响越来越显著。在农业社会，人类数量很少，单位人口用水量不多，人口不集中，水的社会循环总量非常少并且极其分散，同时，排放的水污染物浓度低，成分简单，总量偏少。无论是水量还是水质，与水的自然循环量相比，水的社会循环量微乎其微。进入工业社会后，人类改造自然的能力越来越强，分散的人口逐渐集中起来，城市规模越来越大，单位人口的用水量不断增加，工业用水量也随之增大，同时，水质成分由原来较简单的天然有机物、矿物质和泥沙，转变为农药、化肥、工业洗涤剂、持久性有机物等上千种成分[1]。水的社会循环总量增加，当水的自然循环不足以提供足够的水量时，会出现水资源短缺现象[2]。因此，在人类活动强干预下，以"供—用—排—回"为基本的社会水循环对自然水循环的影响不断增强，人类活动密集区域甚至超过自然力的影响[3]，水循环呈现出更为显著的"自然—社会"二元驱动特性[4]。社会水循环通过取水、用水和排水与自然水循环相联系[5]，二者通量相互渗透、相互影响。就水量而言，人类水资源量的下降起主导作用，包括以农业灌溉为主的水资源利用、土地利用活动、跨流域调水等对流域水资源的影响[6]；就水质而言，人口迅速膨胀、人类个体提高自身生活质量的愿望、以经济增长为主导的用水行为，使水环境、水生态遭到难以估量的恶化。水资源短缺和水环境恶化已成为社会经济实现可持续发展的瓶颈。改善区域水环境，促进区域健康水循环，实现水资源高效利用已成为实行最严格水资源管理的重要任务。

"所谓水的健康循环，是指人类在水的社会循环中，遵循水的自然活动规律和品格，合理科学地使用水资源，不过量开采水资源，同时将使用过的废水再生净化，使上游地区的用水循环不影响下游水域的水体功能，水的社会循环不损害自然循环的规律，从而维系或恢复城市乃至流域的良好水环境，实现水资源可持续的循环与重复利用。"张杰等[7]如此定义健康水循环。张杰认为，中国是个不折不扣的贫水国，必须引起对水的高度关注。目前人类对水资源的攫取过于贪婪，使水的社会小循环干扰了自然大循环，如果"干扰度"超出自然大循环的可承载范围，就无法形成健康的水循环。这就要求水资源利用时，必须对水资源合理配置和高效利用[8,9]。健康水循环有助于提升水资源的利用，而水资源的高效利用反过来促进区域健康水循环，两者相互依赖，相辅相成。

强调人类活动对社会水循环的影响，评价区域健康水循环，侧重水量过程模拟上的水资源效益核算，评价水循环水量、利用效用动态过程，实现水资源量、效一体化评价，落实最严格水资源管理制度考核，将现代水文学、经济学、社会学及环境科学的研究内容和研究方法交叉融合，不仅可促进学科的交叉和发展，也将丰富现代水资源管理的内涵，服务于水资源公平、高效、可持续利用。

1.2 研究现状

1. 社会水循环系统演变过程

传统社会水循环系统水量、水质演变研究，一般将社会经济系统作为一个整体“黑箱”或“灰箱”进行集总式描述，在很大程度上源于对其水量、水质演变过程缺乏深入细致的认知。未来的工作将集中在对这些“黑箱”或“灰箱”进行深入细致的剖析，明确其演变过程，揭示社会水循环的发展机制和演变机理。

贾邵凤等[10]指出，社会经济系统水循环指社会经济系统对水资源的开发利用及各种人类活动对水循环的影响。它是相对于自然水循环而言的。杜会等[11]研究植被对社会水循环要素的影响，包括截留效应、提高入渗速率、增加蒸腾作用。由于绿化面积增加，需要的灌溉量也相应增加，再加上近年来地下水开采量增加，因此水资源总量呈递减趋势。邓荣森等[12]研究发现，在城市用水系统中增加污水回用这一环节后，下水系统处理污染物量增加；上水系统处理污染物、排放环境污染物量减少；与之对应的费用也相应增减。建立整个水循环系统污水回用的环境经济净效益函数，可以此作为对缺水地区用户制定罚款或补贴等奖惩机制的依据。王西琴等[13]基于二元水循环理论，考虑人类活动影响，提出生态需水量不仅来自于天然降水，而且受到社会系统排水的补充，其水量大小与水质状况还受到人类利用水资源程度、利用效率、污水排放量等的影响。张进旗[14]研究发现，山区蓄水工程增大了水面面积，增加了水面蒸发量，减少了径流量；平原引水工程、地下水开发工程增加了水循环的通量，也增加了耗水量；在我国的农业、工业和生活用水中，农业用水量最大。王利民等[15]分析了生产建设活动及水利工程对流域水资源供需状况的影响。在降水量较大的区域（一般年降水量≥800mm），人类活动对水文循环的产流、汇流及径流等过程影响较小；在年降水量较小而经济发达的区域，水文情势已经发生了根本的变化。人类活动的影响主要有农业生产活动、农村与城镇建设活动、流域上游森林植被变化、水利工程等。总体上，这些影响使流域的供水能力减弱，破坏了流域内水资源的供需关系，导致大量的水资源危机，这种水资源危机伴随着社会发展过程而产生，而且具有逐渐深化的趋势。许炯心[16]认为，黄河流域侧支水循环和主干水循环的影响因素有自然因素和人类活动，其中，自然因素是影响水循环的主导因素，下垫面特征也是重要的自然因素；人类活动也是重要的影响因素之一。人类活动的影响主要有两个方面：一是引水能满足灌溉、工业、城镇和乡村人口的需水要求；二是通过大规模水土保持改变流域的土地利用、土地覆被状况，从而改变下垫面状况。通过建立侧支水循环和主干水循环的相对强度指标和绝对强度指标来研究人类活动对黄河河川径流的影响。

2. 健康水循环评价

目前，国内外对城市社会水循环系统的评价较少，国外的研究成果主要集中于自然水循环规律及水资源等的综合评价。根据各国的实践经验，在各相关组织的共同努力协作下对水资源调查、开发利用、水资源保护管理及综合评价展开了一系列的研究，探讨水资源存在的问题，建立了较为成熟的水资源评价理论和方法[17]。

美国的研究主要集中在对城市河流、湖库、河流生态的评价，构建了城市河流健康评价指标体系、湖库富营养化评价指标体系、城市河流生态系统评价体系等。英国主要对城市水环境安全、水贫困指数等开展研究，构建了城市水环境安全评价指标体系、水贫困指数评价体系[18]。

国内诸多学者就健康水循环开展了一系列研究。许向君[19]提出了建立城市水务复合系统的动态性运行模型和分散式与集总式相结合的多层次一体化经济技术指标评价体系，并将系统模糊层次理论应用在城市水循环全过程评价中，以此来反映城市水循环系统的状况和开发利用与保护管理效率和效益。周泽林[20]通过对南昌市水资源特点和水环境情况进行分析，建立了符合南昌市城市用水基本情况的评价指标体系，得出南昌市城市用水健康循环为中等水平。郭颖娟[21]剖析了石家庄城市用水状况，构建了城市用水健康循环综合评价指标体系评价石家庄城市用水情况，并根据评价结果采取相应措施。宋梦林等[22]在总结城市生态系统的属性并分析其健康内涵的基础上，通过频度统计法，建立评价指标体系，并采用海明贴近度，建立模糊物元模型，对河南省第一批水生态文明城市建设试点城市生态系统的健康水平进行评价，分析影响城市生态系统健康发展的各要素。结果表明，各城市不同要素之间的健康程度差别较大，且不同城市各要素之间的协调性较低。栾清华等[23,24]基于城市水循环内涵，结合水资源各种关键属性，从城市水循环系统中水量、水质、生态及极端事件等四个维度，构建基于关键绩效指标（key performance indicator，KPI）的城市健康水循环评价方法，用于邯郸市和天津市的健康水循环评价。

3. 水资源利用效益测算

关于水资源利用效益的核算，清华大学在“八五”国家重点科技攻关项目“华北地区水资源合理配置”中，采用多目标研究和线性规划方法，将水资源纳入宏观经济系统集成研究，对应用市场机制实现各种水资源的有效分配进行广泛研究[25]。投入产出法[26,27]、分摊系数法[28]、生态系统服务价值当量因子法[29]、边际效益理论[30~35]广泛应用于各产业的水资源利用效益核算。于冷等[26]利用水资源投入产出表得出农业的耗水在各产业间最大，单农业耗水的直接经济效益系数和完全经济效益系数在各行业中均最低。李良县等[28]采用分摊系数法，计算海河流域6个案例区的灌溉种植业、工业、建筑业和第三产业的水资源经济价值。牛海鹏等[29]运用生态系统服务价值当量因子法、替代/恢复成本法对耕地利用生态社会效益理论值进行了测算，并且运用社会发展阶段系数测算出了不同质量水平下的单位面积耕地生态社会效益的现实值。基于边际效益理论，沈大军等[30]、王智勇等[31]早在2000年利用生产函数法分别核算北京市工业用水边际效益及河北省农业用水边际效益。之后，王茵[32]、孙才志等[33]、许士国等[34]、盖美等[35]对不同地区水资源效益进行测算。现阶段研究多以水资源利用综合效益或单一产业用水产出效益核算为主，并且以分析农业和工业用水产出居多。仅有少量文献全面分析各产业用水边际效益，如盖美等[35]测算出辽宁沿海经济带农业、工业、第三产业用水边际效益，该研究对辽宁沿海经济带水资源决策具有理论指导意义，但是不同地区的经济社会发展状况和用水侧重不同，产生的用水效益大小及规律也不尽相同。

4. 水资源利用效益评价

对水资源利用效益的评价，国外的研究大多停留在基本概念、内涵、目标的解释及实现水资源可持续利用的途径与政策的定性研究方面，定量研究相对缺乏。特别是，对水资源利用效益指标体系和评价方法的研究，尚处于理论探索阶段。多数研究集中于指标体系设计的指导思想、构建原则及对指标的定量描述，而对评价指标的定量化和指标体系的评价方法研究相对缺乏。我国对水资源利用效益评价的研究主要集中于评价指标体系的建立问题，并利用层次分析法、模糊优选模型、模糊综合评判法、可变模糊决策理论等评价灌区及相关水利工程的效益[36~39]。目前各种方法已趋于完善，但是对系统整体认识及对多层次、多维度、普适性的系统研究仍有一定差距。水资源利用效益评价的研究侧重于方法的应用，即应用不同的方法评价某项工程的经济效益，或者利用各种计量方法测算经济效益值。而对用水方式改变引起的区域宏观效益研究较少。

1.3 发展动态

1. 区域健康水循环评价问题

区域健康水循环评价体系的构建，已形成层次化评价结构，差别在于维度与指标的选择,不同的维度指标反映水循环的不同方面。针对不同的评价对象(河流、湖泊、湿地、城市),评价指标体系差异较大,主要体现在:对健康水循环的理解不同;对评价指标的分级阈值不同;评价方法与数据尺度不同。当前对区域二元水循环过程的健康程度尚无全面完善的评价体系。

2. 水资源高效利用评价过程的驱动机理问题

在效益机制驱动下,水资源一般由经济效益低的区域和部门流向经济效益高的区域和部门,同时用水效率低的部门受水资源匮乏和环境容量的限制而被迫提高用水效率或进行水权转让。但是目前对具体驱动机制的研究以定性分析为主,缺乏相应的理论和机理研究。因此,综合考虑经济发展、环境、水价等多过程、多因子,定量描述水资源利用效用评价过程的驱动作用机理是一个亟待解决的科学问题。

基于此,本书研究目标为:构建区域健康水循环评价体系;解析区域水量和经济动态演化过程;厘定水资源高效利用效益,剖析其空间分布和流动规律;落实最严格水资源管理制度考核评价。具体内容介绍如下。

第1章为绪论。阐明健康水循环与水资源高效利用的关系,开展社会水循环系统演变过程、健康水循环评价、水资源利用效益测算及水资源利用效益评价的文献综述,剖析目前发展动态,探索区域健康水循环与水资源高效利用研究的知识体系框架。

第2章为"自然—社会"二元水循环及健康水循环模式。对比分析自然水循环与"自然—社会"二元水循环的特征,提出二元水循环调控的关键问题;阐明健康水循环的内涵,并指出实现健康水循环的措施。

第3章为水资源经济特征及高效利用。从水资源属性、水资源经济特性、广义水资源高效利用、水资源边际效益等方面阐述水资源的经济特征及水资源高效利用理论。

第4章为区域健康水循环评价。从水生态水平、水资源质量、水资源丰度和水资源利用四个维度构建区域健康水循环评价体系,并基于模糊评价理论评价区域健康水循环,辨析区域水循环症结,提出可行的改善措施。

第5章为城市水循环及城市化对水循环影响分析。水资源作为基础性生产资料,为城市化进程提供物质资源保障,支持城市化发展。在借鉴城市水循环相关理论及研究的基础上,分析中原城市群城市化对水循环的影响,量化其城市化与水资源利用的定量关系。

第6章为区域水资源利用演变及驱动力分析。以河南省用水为背景,以2003~2013年全省及18个城市的农业、工业、生活和生态用水量统计为基础,计算用水结构信息熵,考察基于耗散结构的用水系统信息熵动态演化趋势,并根据用水结构的变化特点剖析其主要驱动力因子。

第 7 章为水资源利用边际效益核算及时空分异。不同地区的经济社会发展状况和用水侧重不同，产生的用水效益大小及规律也不尽相同。明确河南省水资源投入产出现状，从河南省及其所辖城市两个尺度核算水资源利用在农业、工业和生活的用水边际效益且对 18 个城市进行时空差异分析，并分析用水边际效益与经济发展水平的关系。

第 8 章为实行最严格水资源管理制度考核评价。区域健康水循环与水资源高效利用是落实最严格水资源管理制度的基础。在分析全国用水总量和用水特征的基础上，分析东部、中部和西部重点地区的用水总量特征和最严格水资源管理制度落实措施。

第 9 章为结论与展望。概括总结本书的主要研究内容及取得的成果，并对有待进一步研究的问题进行展望。

参考文献

[1] 刘家宏，秦大庸，王浩，等. 海河流域二元水循环模式及其演化规律. 科学通报，2010，55(6)：512-521.

[2] 曹相生，孟雪征，张杰. 循环型社会的基础——健康社会水循环//中国环境科学学会. 中国环境保护优秀论文集(上册). 北京：中国大地出版社，2005：252-255.

[3] 秦大庸，陆垂裕，刘家宏，等. 流域"自然—社会"二元水循环理论框架. 科学通报，2014，59(4/5)：419-427.

[4] 王浩，龙爱华，于福亮，等. 社会水循环理论基础探析 Ⅰ：定义内涵与动力机制. 水利学报，2011，42(4)：379-387.

[5] Jeppesen J，Christensen S，Ladekarl U L. Modeling the historical water cycle of the Copenhagen 1850-2003. Journal of Hydrology，2011，404(3，4)：117-229.

[6] 胡珊珊，郑红星，刘昌明，等. 气候变化和人类活动对白洋淀上游水源区径流的影响. 地理学报，2012，67(1)：62-70.

[7] 张杰，李冬. 人类社会用水的健康循环是解决水危机的必由之路. 给水排水，2007，33(6)：1.

[8] 王浩，游进军. 水资源合理配置研究历程与进展. 水利学报，2008，39(10)：1168-1175.

[9] Zhang W S，Wang Y，Peng H，et al. A coupled water quantity-quality model for water allocation analysis. Water Resources Management，2010，24(3)：485-511.

[10] 贾邵凤，王国，夏军，等. 社会经济系统水循环研究进展. 地理学报，2003，58(2)：255-262.

[11] 杜会，魏冰，杨珺. 绿化植物对水循环的影响. 中国农学通报，2006，22(8)：453-457.

[12] 邓荣森，李青，陈德强. 污水回用改变水循环的环境经济分析. 重庆大学学报，2004，27(2)：125-139.

[13] 王西琴，刘昌明，张远. 基于二元水循环的河流生态需水水量与水质综合评价方法——以辽河流域为例. 地理学报，2006，61(11)：1132-1140.

[14] 张进旗. 海河流域水循环特征及人类活动的影响. 河北工程技术高等专科学校学报, 2011,(2):8-11.

[15] 王利民,程伍群,彭江鸿. 社会生产活动对流域水资源供需状况影响分析. 南水北调与水利科技,2011,9(3):163-166.

[16] 许炯心. 人类活动对黄河河川径流的影响. 水科学进展,2007,18(5):648-655.

[17] 莫谍谍. 城市社会水健康循环研究——以重庆市两江新区为例. 重庆:重庆大学,2014.

[18] May R. "Connectivity"in urban rivers:Conflict and convergence between ecology and design. Technology in Society,2006,28(4):477-488.

[19] 许向君. 城市水务系统循环规律与评价指标体系研究. 济南:山东农业大学,2007.

[20] 周泽林. 南昌市城市用水健康循环研究. 南昌:南昌大学,2010.

[21] 郭颖娟. 石家庄市城市用水健康循环研究. 石家庄:河北科技大学,2013.

[22] 宋梦林,左其亭,赵钟南,等. 河南省水生态文明建设试点城市生态系统健康评价. 南水北调与水利科技,2015,13(6):1185-1190.

[23] 栾清华,张海行,褚俊英,等. 基于关键绩效指标的天津市水循环健康评价. 水电能源科学,2016,34(5):38-41.

[24] 栾清华,张海行,刘家宏,等. 基于 KPI 的邯郸市水循环健康评价. 水利水电技术,2015,46(10):26-30.

[25] 许新宜,王红瑞,刘海军. 中国水资源利用效率评估报告. 北京:北京师范大学出版社,2010.

[26] 于冷,杨明海,戴有忠,等. 吉林省水资源利用效果分析. 农业工程学报,1998,14(3):102-106.

[27] 魏胜文. 黑河流域基于投入产出模型的农业可持续发展模式研究——以张掖市为例. 兰州:甘肃农业大学,2011.

[28] 李良县,甘泓,汪林,等. 水资源经济价值计算与分析. 自然资源学报,2008,23(3):494-499.

[29] 牛海鹏,张安录. 耕地利用生态社会效益测算方法及其应用. 农业工程学报,2010,26(5):316-323.

[30] 沈大军,王浩,杨小柳,等. 工业用水的数量经济分析. 水利学报,2000,31(8):27-31.

[31] 王智勇,王劲峰,于静洁,等. 河北省平原地区水资源利用的边际效益分析. 地理学报,2000,55(3):318-328.

[32] 王茵. 水资源利用的经济学分析. 哈尔滨:黑龙江大学,2006.

[33] 孙才志,杨新岩,王雪妮,等. 辽宁省水资源利用边际效益的估算与时空差异分析. 地域研究与开发,2011,30(1):155-160.

[34] 许士国,吕素冰,刘建卫,等. 白城地区用水结构演变与用水效益分析. 水电能源科学,2012,30(4):106-108,214.

[35] 盖美,郝慧娟,柯丽娜,等. 辽宁沿海经济带水资源边际效益测度及影响因素分析. 自然资源学报,2015,30(1):78-91.

[36] 周维博,李佩成. 干旱半干旱地域灌区水资源综合效益评价体系研究. 自然资源学报,

2003,18(3):288-293.

[37] 张挺.宝鸡峡灌区农业灌溉水资源利用效益评价.陕西水利,2010,(6):157-158.

[38] 冯峰,许士国.基于模糊优选理论的水资源效益评价体系.水利水电科技进展,2008,28(2):35-38.

[39] 吕素冰,许士国,陈守煜.水资源效益综合评价的可变模糊决策理论及应用.大连理工大学学报,2011,51(2):267-273.

第2章 "自然—社会"二元水循环及健康水循环模式

2.1 概 述

水是人类生存和经济社会发展的重要基础资源。水循环是联系地球系统"地圈—生物圈—大气圈"的纽带。人类的频繁活动,如土地利用的改变、水利工程的兴建和城市化的发展,打破了流域自然水循环系统原有的规律和平衡,极大地改变了降水、蒸发、入渗、产流和汇流等水循环各个过程,使原有的流域水循环系统由单一的受自然主导的循环过程转变成受自然和社会共同影响、共同作用的新的水循环系统,这种水循环系统称为流域"天然—人工"或"自然—社会"二元水循环系统[1]。水循环"自然—社会"二元特性不仅深刻影响天然水资源的形成、转化过程,也深刻影响着与水循环相生相伴的生态系统与环境系统的演变规律。

2.2 自然水循环

2.2.1 基本过程

自然水循环是水资源形成、演化的客观基础。所谓自然水循环,是指水分在自然的太阳辐射能、地球引力、毛管力等外营力的作用下,在垂直方向和水平方向上连续转化、运移和交替,并伴随着气态、液态和固态三态转化的过程,又称为水文循环。

自然水循环系统按照水分赋存介质和环境的不同可分为四个子系统,即大气子循环系统、地表子循环系统、土壤子循环系统和地下子循环系统。因此,自然水循环的子系统内部过程也可分为大气、地表、土壤和地下四大基本过程[2]。在这四大基本过程中,界面过程是不同系统间的通量交互过程,典型的界面过程包括蒸发(水分从水面或土壤表面进入大气)、蒸腾(水分从植物表面如叶片进入大气)、渗入(水分从大气界面进入土壤水分)、植物吸收(水分从土壤中进入植被根系)、排泄(水分从地下系统进入地表水系统),如图2.1所示。

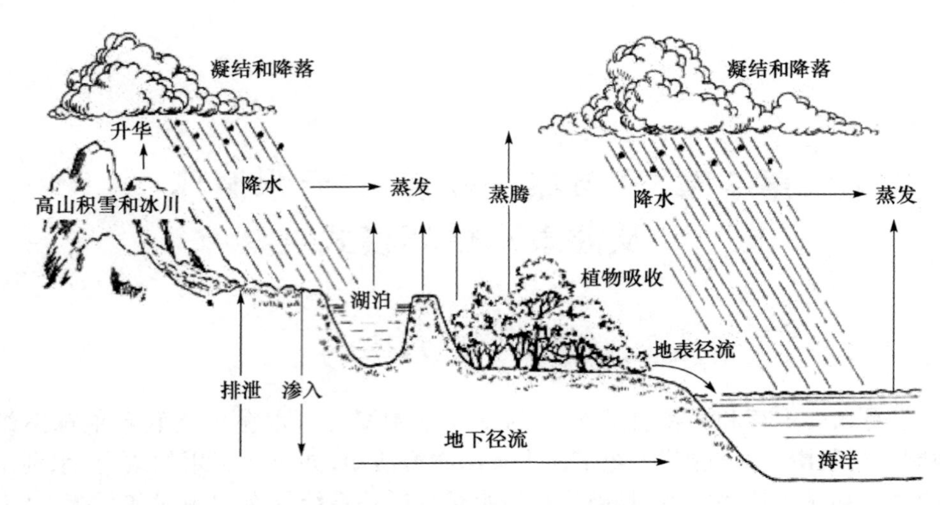

图 2.1　自然水循环系统示意图

2.2.2　主要功能

自然水循环主要有资源功能、环境功能和生态功能。

1. 资源功能

水在水圈内各组成部分之间不停地运动着,构成全球范围的海陆间循环(大循环),并把各种水体连接起来,使得各种水体能够长期存在、不断更新、动态调整,以满足社会生产、生活及经济发展对水资源的需求,同时满足动物生存、繁殖、迁徙、植物枯荣等生理需求。

2. 环境功能

水循环的环境功能包括温度调节、地质环境塑造、水质净化三大方面。其中,在温度调节方面,水循环既是联系地球各圈和各种水体的"纽带",也是"调节器",它调节了地球各圈层之间的能量,对冷暖气候变化起到了重要的作用。水循环是地球"雕塑家",它通过侵蚀、搬运和堆积,塑造了丰富多彩的地表形象;水循环还是"传输带",它是地表物质迁移的强大动力和主要载体,在河口地区的河沙、海沙动态交换方面维持了河口海岸的稳定。在水质净化方面,水循环具有环境稀释作用,未被污染的地表水或地下水流入被污染的河流、湖泊、海洋或渗入地下的污水,可以大大降低水中污染物的浓度,使水体得到净化,是环境自净中物理净化的作用之一。水体流过河床或地表,可以清除污染物,还大自然以洁净的空间,对整个地表环境也有洗涤净化功能。此外,水循环还可以通过化学和生物作用消解、固化一部分污染物，使水体重归洁净（自净功能）。

3. 生态功能

水循环维持了地表坡面生态系统、河流及湖泊湿地生态系统、土壤微生物系统三大陆域生态系统，是生态系统健康发展中最基础也是最活跃的因素。水循环的强弱演变直接决定着生态系统的正向和逆向演替。

2.2.3 演化动因

自然水循环的演变主要受到自然和人工作用的影响，前者包括全球太阳辐射、地理条件、温度场、风场等，后者包括温室气体排放、下垫面和赋存条件变化、人工取用水等。事实上，自从人类社会出现，自然水循环过程的一元驱动结构就被改变，天然的自然水循环系统的运动规律和平衡发生变化，随着文明的进步、经济的增长和社会的发展，人类对自然水循环过程的干预逐渐加强，极大地改变了自然水循环原始特征。特别是，从20世纪80年代开始，温室气体的排放量增加逐渐成为人类影响自然水循环的一个方面。温室气体的排放引起全球尺度的气候变化，直接影响了流域水循环的降水输入和蒸发、散发输出。人类大规模的农业活动、城市化及配套设施建设，构筑水库，开凿运河、渠道，以及大量开发利用地下水等，改变了水原来的径流路线，引起水的分布和运动状况的变化。农业的发展、森林的破坏引起蒸发、径流、下渗等过程的变化，改变了水循环天然状况下的下垫面，改变了流域的产汇流模式。工业生产排放出的污染物影响了水汽的输送和凝结过程。在地表水持续衰减的情况下，水资源供需矛盾加剧，地下水超采严重，地下水位持续下降，不仅造成地面沉降等地质灾害和负面生态效应，还造成地下水可持续能力的降低。在新技术的支持下，人类已经开始对土壤水进行调控和利用。人工驱动已然成为影响水循环不可忽视的一个动力因子[2]，在许多人类活动密集区，甚至超出了自然作用的影响。

2.3 “自然—社会”二元水循环

2.3.1 二元水循环及基本模式

1. 概念框架

“自然—社会”二元水循环是将人工力与自然力并列为水循环系统演变的“双”驱动力，从“自然—社会”二元的视角来研究变化环境下的流域水循环与水资源演变过程与规律，具体体现在两方面：一是将人类活动对于自然水循环系统环境的影响作为内生变量来考虑，包括气候变化、下垫面变化、水利工程建设和人工能量加入等；二是将“人工取水—用水—排水”过程作为与自然水循环内嵌的社会侧支水循环来考虑，建立“自然—社会”二元水循环结构同时保持其动态耦合关系，社会水循环通过取水、排水和蒸散耗水和自然水循环发生联系，是自然水循环和社会水循环的联系纽带，也是社会水循环对自然水循环影响最为剧烈和敏感的形式(图 2.2)。

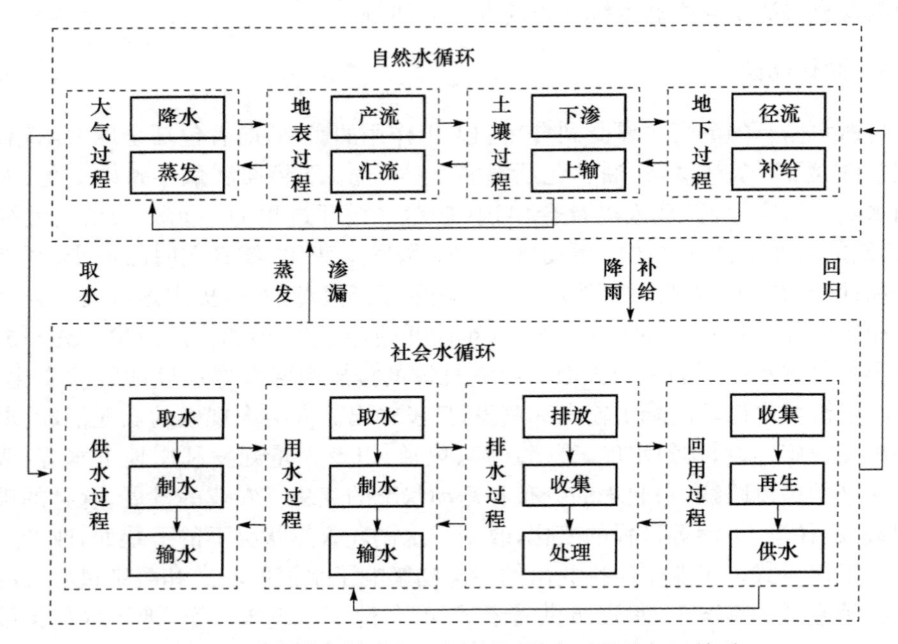

图 2.2 “自然—社会”二元水循环基本过程及相互关系

天然条件下，一元的自然水循环的功能主要包括资源功能、环境功能、生态功能。社会水循环形成伊始，水循环的服务功能主要有二元化的特征。首先，在原生的生态和经济属性功能的基础上，增加了社会服务功能和经济服务功能，主要因为水是人类生存和生活的基础，包括供人饮用、洗浴、美化环境、休闲娱乐等，水循环便具有了社会属性特征；其次，水是大部分生产活动的原材料或辅助材料，水在参与经济生产循环过程中，具有重要的经济属性。此外，水的有用性和宏观稀缺特性使水资源具有价值，且水资源开发、利用与保护也需要一定的经济投入，因此社会水资源具有鲜明的经济属性和服务功能。

2. 基本模式

“自然—社会”二元水循环模式是指在自然驱动力与人类活动驱动力的双重驱动下的水分在流域地表介质中的循环转化的认知范式[3]。这一范式二元化的基本内涵包括四方面:一是驱动力的二元化;二是循环路径的二元化;三是循环结构和参数的二元化;四是服务功能和效应的二元化。

1) 驱动力的二元化

天然状态下,水分在太阳辐射能、势能和毛细作用等自然力作用下不断运移转化,表现为一元的自然力。随着人类活动对流域水循环过程影响范围的拓展,水循环的内在驱动力呈现出明显的二元结构,在人类活动强烈的干扰地区,甚至超过了自然作用力。

两种不同的驱动力对水循环的作用机理也有所不同。自然作用力方面,水体在蒸腾或蒸发过程中吸收太阳辐射能,克服重力做功形成重力势能;水汽凝结成雨滴后受重力作用形成降水,天然的河川径流也从重力势能高的地方流到重力势能低的地方;当上层土壤干燥时,毛细作用力可以将底层土壤中的水分提升。太阳辐射能和重力势能、毛细作用等维持水体的自然循环。人工作用力外在表现为修建水利工程使水体壅高,或者将电能、化学能等能量转化为机械能使水体提升。人工作用力具有三大作用机制。一是经济效益机制,水由经济效益低的区域和部门流向经济效益高的区域和部门。二是生活需求驱动机制,水由生活需求低的领域流向生活需求高的领域,生活需求又由人口增长、城市化和社会公平因素决定。水是人类日常生活必不可少的部分,为了兼顾社会公平和建设和谐社会的需求,必须在经济效益机制和生活需求的基础上考虑社会公平机制。三是生态环境效益机制,生态环境效益已经从自上而下的政府行政要求转化为自下而上的民众普遍要求。为了人类社会经济的可持续发展,人工驱动力的生态环境效益机制的作用越来越大。

自然水循环作用力如太阳辐射能、势能和毛细作用是相对恒定的。相反,人工作用力的影响是不断发展的,随着人类使用工具的发展、新技术的开发,人类能够影响的水循环范围逐渐扩大。在采食经济阶段,人类只能够开发利用地表水和浅层地下水;到了近代,人类已经通过修建大型水利工程,深度影响地表水、大规模开发利用浅层地下水;到了现代,人类已经能够进行跨流域调水、开发深层地下水,甚至能够采用科学的手段调控利用土壤水,排放的温室气体引起的全球气候变化能够影响全球水循环,人类活动已经对水循环产生了深度影响。

2) 循环路径的二元化

从路径上来看,水循环体现了二元化的特征。由于人类取用水、航运等多种经济活动影响,水循环已经不局限于河流、湖泊等天然途径。一方面,人们在天然水循环路径之外开拓了长距离调水工程、人工航运工程、人工渠系、城市管道等新的水循环路径;另一方面,天然水循环路径在人类活动影响下发生变化,人工降雨缩短了水汽的输送路径,地下水的开发缩短了地下水的循环路径,也改变了地表水和地下水的转化路径。

水循环路径的改变必然伴随着水循环周期的改变。从流域层面上来说，流域水循环路径的二元化使流域纵向水通量减小，垂向水通量增大，从而加快了流域内的水循环速度，缩短了流域内的水循环周期。特别是地下水，在天然状况下需要长时间才能更新的深层地下水由于受到人类大规模的开发利用，其赋存条件发生极大改变，转化周期大大缩短。

3）循环结构和参数的二元化

从循环结构和参数上来看，二元模式水循环结构也呈现出明显的二元化特征。自然状况下，流域天然水循环是“大气—坡面—地下—河道”主循环。在人类活动参与下，一方面，在主循环外形成了由“取水—供水—用水—排水—回归”五个环节构成的侧支循环圈；另一方面，人类活动对主循环结构和参数也产生了深刻的影响，包括对天然坡面产汇流过程的影响、对平原地区渗透和产汇流过程的影响。

主循环之外形成的社会水循环，已经不能用天然水循环的参数来描述，必须增加用于描述和刻画社会水循环的参数体系，包括供水量、用水量、耗水量、排水量等体现社会水循环用水效率的参数。在二元化的循环结构中，不同区域的社会水循环的特点并不一样。因此，对两种不同的社会水循环结构，需要用不同的参数体系来描述。

天然主循环与社会水循环的径流通量之间存在着动态互补与依存关系，因此社会水循环圈的形成和通量的增加，必然会引起伴随流域二元水循环的水沙过程、水盐过程、水化学过程和水生态过程的相应演化。

4）服务功能和效应的二元化

水分在循环过程中支撑着自然生态环境系统的社会经济系统。水循环对自然生态环境系统的支撑包括五方面：①水在循环过程中不断运动和转化，使全球水资源得到更新；②水循环维持了全球海陆间水体的动态平衡；③水在循环过程中进行能量交换，对地表太阳辐射能进行吸收、转化和传输，缓解不同纬度间热量收支不平衡的矛盾，调节全球气候，形成鲜明的气候带；④水循环过程形成侵蚀、搬运、堆积等作用，不断塑造地表形态，维持生态群落的栖息地稳定；⑤水是生命体的重要组成成分，也是生命体代谢过程中不可缺失的物质组成，对维系生命有不可替代的作用。水循环对人类社会经济系统的支撑，主要包括三方面：①水在循环过程中支撑着人类的日常生活；②水在循环过程中支撑着人类的生产活动；③水在循环过程中支撑着市政环境、人工生态环境系统的需求。

2.3.2 自然水循环与二元水循环特征对比

自然水循环与二元水循环的特征对比主要体现在水循环的驱动力、水循环的结构、水循环的功能属性和水循环的演变效应四方面[4]。

1. 水循环的驱动力

自然水循环的驱动力是太阳辐射和重力等自然驱动力。而二元水循环除了受自然驱动力作用外,还受机械力、电能和热能等人工驱动力的影响。更重要的是,人口流动、城市化、经济活动及其变化梯度对二元水循环造成更大、更广泛的直接影响。因此,研究二元水循环必然要与社会学和经济学交叉,水与社会系统的相互作用与协同演化是研究的焦点。

2. 水循环的结构

自然状态下,“降水—坡面—河道—地下”四大路径形成的自然水循环结构,是典型的由点到面和线的“汇集结构”。随着人类社会的发展,一元自然水循环结构被打破,社会水循环的路径不断增多,“自然—社会”二元水循环结构逐渐形成。初期,社会水循环有取水、用水、排水三大主要环节,现在发展成取水、供水、用水装置内部循环、排水、污水收集与处理、再生利用等复杂的路径。与自然水循环的四大路径相对应,社会水循环也形成了“取水—供水—用水—排水—污水处理—再生回用”六大路径,它是典型的由点到线和面的“耗散结构”。自然水循环的四大路径与社会水循环的六大路径交叉耦合、相互作用,形成了“自然—社会”二元水循环的复杂系统结构。

3. 水循环的功能属性

自然水循环的功能比较单一,主要是生态功能,养育着陆地植被生态系统、河流湖泊湿地水生生态系统。

有了人类活动以后,发挥单一生态功能的流域自然水循环格局就被打破,形成了“自然—社会”二元水循环。这主要体现在三方面。①人类的各种生活、生产活动排放大量温室气体,导致地表温度升高,大气与水循环的动力加强,循环速率加快,循环变得更加不稳定,从而改变了流域水循环降水与蒸发的动力条件。②为人类社会经济发展服务的社会水循环结构日趋明显。水不仅在河道、湖泊中流动,而且在人类社会的城市和灌区里通过城市管网和渠系流动;水不仅依靠重力往低处流,而且可以通过人为提供的动力往高处流、往人需要的地方流,这样就在原有自然水循环的大格局内,形成水循环的侧支结构——社会水循环,流域尺度的水循环从结构上看,也显现出“自然—社会”二元水循环结构。③随着人类社会经济活动的发展,社会水循环日益强大,水循环的功能属性也发生了深刻变化,即在自然水循环中,水仅有生态属性,但在流域二元水循环中,又增加了环境、经济、社会与资源属性,强调了用水的效率(经济属性)、用水的公平(社会属性)、水的有限性(资源属性)和水质与水生、陆生生态系统的健康(环境属性),因此,从水循环功能属性上看，流域水循环也演变成了“自然—社会”二元水循环。

4. 水循环的演变效应

流域水循环的演变，特别是二元水循环的形成与发展带来了一系列的资源效应、环境效应和生态效应。首先，水循环驱动力条件的变化、下垫面的改变、城市化进程的加快及社会水循环通量的不断加大，给流域水循环的健康和再生维持带来了不利影响，造成了流域水资源的衰减，产生了强烈的资源效应。然后，社会水循环在其各个路径上都产生了相应的污染物，对自然水循环有很大影响，带来水环境的污染，产生强烈的环境效应。最后，人类社会经济大量取水、用水且耗水，把原来在河流、土壤和地下流淌的很大部分水直接排入大气，造成河湖生态系统和河口海岸生态系统缺乏必需的淡水，产生了强烈的生态效应。

2.3.3 二元水循环调控关键问题

我国水资源严重短缺且利用率低，严重制约着社会经济的迅速发展，解决水资源问题的根本出路是节水，建设节水型社会是节水的根本途径，也是一项涉及面广、规模宏大的系统工程，其中包含着各种错综复杂的关系，正确认识和处理这些关系，尤其是二元水循环与节水型社会建设相互作用的关系，是建设好节水型社会的前提和保证[5]。因此，要尊重变化环境下水循环的演变规律，推行基于二元水循环的节水型社会建设理念，以水定需，量水而行，调整经济结构，转变经济增长方式，统筹协调生活、生态和生产用水，大力提高水资源管理水平和水资源利用效率与效益，维护河流健康，推动社会经济全面协调、可持续发展[2]。

1. 经济社会与生态环境系统的用水关系

长期以来，对水资源的无节制开发利用使江河断流、地下水超采、地面沉降；过度围湖造地，侵占河道降低了河湖调蓄能力和行洪能力，加剧了洪水灾害；生态环境破坏，水土流失严重造成江河湖库淤积；人为污染水体造成严重的生态问题……这些都是人类不按自然规律办事，无节制索取的后果。因此，一定要坚持科学的发展观，合理调控“自然—社会”二元水循环的通量，维护健康水循环。

以供定需，以水定发展，保持自然水循环与社会水循环的有机统一，以水资源供需和生态系统平衡为基本条件，确定流域经济社会发展的目标和规模，全面制定水资源开发、利用、配置、节约和保护规划，要从经济、社会、生态、环境的和谐发展出发构建水资源的合理配置体系。从水的资源属性出发，按照不同区域、不同河流、不同河段的功能定位，合理有序规范经济社会行为，严格遵守自然规律，充分发挥大自然的自我修复能力，使社会水循环对自然水循环的干扰度处于自然水循环可承载范围之内，在节约资源、保护环境的前提下实现社会经济的迅速发展。

2. 无限发展与有限水资源的关系

经济社会的发展目标没有止境,但区域水资源量有限,协调这二者的关系是节水型社会建设的关键。社会水循环过程中的供、用、耗、排等环节会造成径流性水资源衰减和水体环境污染。因此,在建设节水型社会中,应要求进一步对水资源的开发做到“减量化”“再利用”“资源化”。需要转变发展观念,创新发展模式,提高发展质量,更加注重优化结构、提高效益、降低消耗、减少污染,更加注重实现速度和结构、质量、效益相统一,更加注重经济发展和人口、资源、环境相协调,统筹经济社会和水利发展,把经济社会发展与水资源承载能力和水环境承载能力统一起来,统筹流域和区域间水利发展,合理配置水资源。总体来看,在建设节水型社会中,通过水资源的高效利用和循环利用来支撑经济社会发展,实际上就是以社会水循环调控为核心,按照以供定需的原则,引导生产力布局和产业结构的合理调整,加快经济发展模式的转变,建立节约型的生产模式、消费模式和建设模式,按照一个区域的水资源条件来科学规划社会经济的发展布局,在水资源充裕地区和紧缺地区打造不同的经济结构,量水而行,以水定发展。

3. 用水公平和用水效率的关系

在水资源总量有限的情况下,优先保证生活用水,尽量满足生态用水,着力解决生产用水,提高生产用水效率,特别要考虑贫困人口的基本用水需求。不能以满足生产用水为理由挤占生态用水,不能以获得经济效益为理由牺牲生态效益,不能以实现当代人的利益为理由破坏子孙后代的福祉,要做到生产与生态的公平、经济效益与生态效益的公平、眼前利益与长远利益的公平。同时,社会经济的发展需求必然要进行水资源开发,其核心就是自然水循环通量和社会水循环通量的调控问题。自然界中的水体及相关生物群落处在一个有机的生态系统中,其中各成员借助能量交换和物质循环形成一个组织有序的功能复合体,整个系统中的任何一种因素遭到破坏,都会引起系统的失衡。因此,要坚持科学的发展观,以可持续发展为宗旨,既要加快水资源开发利用,优化水资源配置,又要注重水资源的节约与保护,着力提高水资源利用率,维护经济社会与生态环境的可持续发展,实现用水公平与用水效率的双赢。

2.4 健康水循环

2.4.1 水问题成因分析

水资源是基础自然资源,是生态环境的控制因素之一,同时又是战略性经济资源。当前水资源短缺、水污染加剧已经成为我国经济持续发展的限制因素，从历史的角度来看，我国水问题的出现和经济的发展过程密切相关[6]。目前，水问题的发展可以分为两个阶段。

第一阶段是单向线性经济阶段。在我国工业化初期，工业规模较小，第二产业在整个国民经济中所占的比重较小，因此资源相对丰富，环境容量也相对宽松。在这个阶段，环境问题尚未暴露出来，工业生产采取的是粗放型模式，强调对环境的征服，缺乏保护环境的意识，增长依靠的是高强度开采和消耗资源，同时高强度破坏生态环境，是一种“资源—产品—废物排放”的单向线性经济发展模式。在这个阶段，水资源被认为是取之不尽、用之不竭的。水资源成为最廉价的资源之一，我国绝大部分地区对水资源都进行了无限度开发，挥霍使用。大量清水使用后不加任何处理被任意排放。

第二阶段是末端治理阶段。随着工业化程度的不断提高，社会对资源的需求越来越大，同时环境容量也逐渐被消耗，我国出现资源短缺和大面积污染现象。除了继续扩大对资源的开采外，不得不开始注意环境和资源等问题。通过生产工艺的改革、减少浪费等措施千方百计减少资源的消耗，同时强调在生产过程的末端采取措施治理污染。

这个阶段，水资源日益短缺，同时水体污染逐渐加剧，地下水位持续下降，大小河流干涸，我国整体水环境质量持续下滑。为解决水资源短缺问题，开源成为主要措施，全国到处修建大坝，实施远距离和跨流域调水，开采深层地下水，同时开展人工降雨、海水淡化等工作。一些地区也开展了雨水利用和污水回用等措施。另外在工业、企业单位普遍开展节水工作，工业用水重复利用率得到很大提高，居民生活节水也被广泛宣传。

在水污染治理方面，采取了“谁污染、谁治理”方针，强调达标排放，实行浓度控制和总量控制。除了进行工业废水的治理外，在一些城市的下游地区由政府出资修建了城市污水处理厂。总的做法是“先污染、后治理”，主要在生产过程的末端采取措施治理污染，而不注重清洁生产等措施。由于治污成本高，再加上某些工业废水治理的技术难度大，总体没有实现预期的效果，水体污染趋势没有得到有效遏制，整体水环境质量继续下滑。

在这个阶段末期，即 21 世纪初，清洁生产、源头控制、污染预防等概念开始在我国传播，但缺乏深入研究，相关的法律支承、经济保障、技术基础等也比较缺乏。

2.4.2 健康水循环的提出和内涵

可以看出，水的社会循环量和质（污染物）的过度增加是水资源短缺和水环境恶化的直接原因。根据水的自然循环和水的社会循环之间的关系，可以找到解决水资源短缺和控制水污染的总体思路，即增加水的自然循环量或减少水的社会循环量[7]。

增加水的自然循环量，就是增加地球上水文循环的速度，使全球尺度上一个地区或流域内水的自然循环总量增加，使蒸发量增加，降雨量增加，地表和地下径流量增加。显然，这可以增加水资源总量并提高水体自净能力。如果以流域或区域为研究对象，增加水的自然循环量的具体工程措施有人工增雨、海水淡化、跨流域或跨区域调水。

从生态角度来看，当水的自然循环总量被人为增加到一定程度后，自然长期进化形成的生态平衡便会打破，原来的生态系统则会重建。在目前的知识水平下，人类还不能对大范围的生态系统进行调控，新的平衡建立后是否比旧的平衡对人类更有利，现在还不得而知。盲目增加水的自然循环量可能会造成生态灾害。

因此，通过增加水的自然循环总量的工程措施适合在小范围内小尺度进行，应以不改变现有的生态系统为前提。在目前的技术水平下，想通过大规模实施此类工程解决水问题是不可行的。既然上述路线走不通，那剩下的唯一途径就是减少水的社会循环量。

减少水的社会循环量包含两个含义。①减少取水量，即减少进入水的社会循环的水量；②减少水的社会循环带入水的自然循环的污染物量[6]。

水的社会循环量应该减少到最终实现健康社会水循环为止。只有实现了健康社会水循环，才能达到控制水污染、恢复良好水环境、解决水资源短缺的目的。实现健康社会水循环也是符合循环经济理念的，是建立循环型社会的基础。

传统观念认为，能源和资源是大自然的赠品，可以无偿使用而且是无限的，因此对能源和资源任意开采，任意浪费，任意丢弃。其经济模式是“资源—产品—消费—废物”。显然，在这种经济模式下，物质和能量的流动是单方向的，经济规模不断扩大后最终会导致资源枯竭，因此，其发展模式是不可持续的。

要实现可持续发展，必须建立循环型社会，把经济建立在物质循环利用的基础上，即实现“资源—产品—消费—再生产资源”的物质循环流动过程。只有这样，才能实现资源的永续利用，实现发展的可持续性。

水是不可替代的资源，是人类生活的主要基础之一，也是工农业生产的基础。建立循环型社会，首先应保证水资源的可持续利用，并且应该使人类生活在良好水环境之中。显然，这只有通过实现健康社会水循环才能做到。

健康社会水循环是指在水的社会循环中，尊重水的自然运动规律和品格，合理科学地使用水资源，同时将使用过的废水适当再生和净化，使上游地区的用水循环不影响下游水域的水体功能、社会循环不损害自然循环的客观规律，从而维系或恢复城市乃至流域的良好水环境，实现水资源的可持续利用[8]。因此，根据健康社会水循环的理念，人类社会用水必须从“无度开采—低效率利用—高污染排放”的直线型用水模式转变为“节制取水—高效利用—污水再生、再利用、再循环”的循环型用水模式，使流域内城市间能够实现水资源的重复与循环利用，共享健康水环境，使水的社会循环和谐地纳入水的自然循环之中。

2.4.3 实现健康水循环的措施

1. 推行需水管理

在一个地区或流域，水的社会循环量存在一个最大值。当水的社会循环量超过此值时，便会发生水环境的恶化。这个量应该是一个地区或流域的最大可供水量。在传统以需定供的模式下，一个地区或流域水的社会循环量最终会超过这个最大值，而水环境的恶化也就成为必然。

为了改变这种局面，实现水的健康循环，恢复良好水环境，应该采用以供定需的水资源管理模式，即推行需水管理。具体思路是一个地区或流域的供水总量不能超过本地区或流域水的社会循环总量最大值。在此前提下，当用户对水量的需求增加时，供水部门不再提供更多的水，不足部分通过用户端来解决。用户端的解决方式主要指用户通过用水策略的改变来满足其用水要求。这些策略包括工艺的变革、产业结构的调整、节水设施的采用和生活方式的改变等。

显然，需水管理模式符合循环经济的减量化原则。减量化(reduce)原则是在产品生产和服务过程中尽可能减少资源的消耗和废弃物、污染物的产生，采用替代性的可再生资源，以资源投入最小化为目标，以提高资源利用率为核心。

2. 发展循序用水

循序用水就是根据不同用水对象对水质的不同要求，先由对水质要求高的用水对象使用水，然后其排出的水不经处理，直接由对水质要求低的用水对象使用。循序用水遵循优质优用的原则，通过增加水的使用次数来减少新鲜水的使用量，相当于增加了水资源量。

显然，发展循序用水符合循环经济的资源化原则。资源化原则是指产品多次使用或修复、翻新后继续使用，以延长产品的使用周期，防止产品过早成为垃圾，从而节约生产这些产品所需要的各种资源投入。

3. 污水再生利用

人们生产和生活中用过的水不能随意排放，否则有可能影响到水的自然循环。污水必须经过再生、重新利用或回到水的自然循环。污水的再生和重新利用包括污水回用和污水的最终妥善处理。

污水回用即用过的水经过处理后再次用作工农业生产或生活的一种用水模

式。污水回用既可减少污水的排放,又可增加水资源量,具有双重作用。在目前的经济技术水平下,所有的污水不可能都回用,水的社会循环还不能实现密闭循环。事实上,从水的自然循环规律考虑,也没有必要实行密闭的水的社会循环。因此,最终一部分污水会回到水的自然循环,这部分污水必须妥善处理,适当再生,才能维护健康的水的自然循环。污水的最终妥善处理是解决水资源短缺、控制水污染,恢复良好水环境,实现水的可持续利用的最后办法,属于末端方法。

水的自然循环所能接纳的污染物数量有一最大值,而水的社会循环总会把污染物带到水的自然循环中。当所携带的污染物量超过此最大值时,水的自然循环便会遭到破坏,水污染和水环境恶化也就随之出现。因此,必须根据一个地区或流域的水的自然循环规律,确定其可接受的污染物数量,据此确定污水的最终处理程度。

显然,发展污水再生利用符合循环经济的再循环原则。再循环(recycle)原则是指使废弃物最大限度地变成资源,变废为宝,化害为利,通过对产业链的“输出端—废弃物”的多次回收和再利用,促进废物多级资源化和资源的闭合式良性循环,实现废弃物的最小排放。

参考文献

[1] 王浩,陈敏建,秦大庸,等.西北地区水资源合理配置和承载能力研究.中国水利,(22):1011-1021

[2] 王建华,王浩.社会水循环原理与调控.北京:科学出版社,2014.

[3] 王浩,王建华,秦大庸,等.基于二元水循环模式的水资源评价理论方法.水利学报,2006,37(12):1496-1502.

[4] 王浩,贾仰文.变化中国流域“自然—社会”二元水循环理论与研究方法.水利学报,2016,47(10):1219-1226.

[5] 秦大庸,陆垂裕,刘家宏,等.流域“自然—社会”二元水循环理论框架.科学通报,2014,59(4/5):419-427.

[6] 张杰,程炜.我国水环境现状和水循环措施及对策的初步探讨.能源环境保护,2007,21(6):17-19.

[7] 曹相生,孟雪征,张杰.循环型社会的基础——健康社会水循环//中国环境科学学会.中国环境保护优秀论文集(上册).北京:中国大地出版社,2005:252-255.

[8] 张杰,李冬.水环境恢复与城市水系统健康循环研究.中国工程科学,2012,14(3):21-26,53.

第3章 水资源经济特征及高效利用

3.1 概 述

水资源是人类生存和经济社会可持续发展的基础和重要支撑条件，是物质循环与能力交换的介质，人类的一切活动均建立在对资源的开发与利用的基础上。水资源作为不可替代的自然资源，与自然、社会、经济之间有着千丝万缕的联系，水在自然演化、社会进步、经济发展过程中，表现出一系列自然特性及社会和经济属性。它具有多功能性和不可替代性，因此成为支撑社会经济发展的基本要素。然而，水资源短缺的加剧，以及水资源利用效率和效益的低下，促使人们更加关注如何提高有限水资源的利用效率，即围绕广义水资源展开大量研究，在基础理论、实施方法和效用评价方面取得一系列重要进展。本章在介绍水资源概念、水资源经济特征的基础上，论述广义水资源高效利用，以期为健康水循环评价和水资源效益核算奠定基础。

3.2 水资源属性

3.2.1 水资源概念

不同地区、不同部门、不同行业对水需求不同，进而对水资源的理解不同。《不列颠百科全书》将水资源一词表述为自然界一切形态(液态、固态、气态)的水；1963年，英国《水资源法》将水资源定义为具有足够数量的可用水源，即自然界中水的特定部分；1988年，联合国教科文组织和世界气象组织定义水资源是“作为资源的水应当是可供利用或可能被利用，具有足够数量和可用质量，并且可适合对某地的水资源需求而能长期供应的水源”，简而言之即“可再生的淡水资源”；《中华人民共和国水法》中规定“本法所称水资源，包括地表水和地下水”“水资源属于国家所有”；《中国大百科全书大气科学・海洋科学・水文科学》中指出，水资源是指地球表层可供人类利用的水，包括水量(水质)、水域和水能资源。一般指每年可更新的水量资源；《中国水利百科全书》中界定水资源是指地球上所有的气态、液态或固态的天然水，人类可利用的水资源，主要指某一地区逐年可以恢复和更新的淡水资源；《中国自然资源丛书》将水资源定义为，凡能为人类生产、生活直接利用的，在水循环过程中产生的地表、地下径流和由它们存留在陆地上可再生的水体。对多年平均而言，水资源大致等于水循环过程中产生的地表、地下径流的总和。

上述水资源的定义基本上是围绕水的形态、变化、利用方式等展开，在其发展过程中，水资源逐渐由侧重水量演变成水量、水质并存，即水资源应同时包括水量和水质，具体指某一流域或区域水环境在一定的经济技术条件下，支持人类的社会经济活动，并参与自然界的水分循环，维持环境生态平衡的可直接或间接利用的资源。广义的水资源包括直接或间接满足人类社会存在和发展需要的、维持流域或区域生态环境系统结构和功能、具有一定质量的水量资源和水体所含的位能资源。狭义的水资源则专指满足人类某种使用功能的、具有一定质量的水量资源，以每年可更新的满足最低水资源功能需求的水资源量来衡量。

3.2.2　水资源特性及属性

1. 水资源特性

水资源具有自然资源的主要共性，如稀缺性（相对于“需求”的数量的不足）、系统性（相互联系、相互制约的整体系统）、地域性（服从一定地域分异规律）、多用性（功能和用途的多样化）等，又有着区别于其他自然资源的特性，介绍如下。

1）流动性

江水、河水、湖水、库水横向流动，地表水、地下水、土壤水、大气水互相运动转化。流动性使水资源的量、质、能三个物质要素按地理位置和地理特点做出有效的配置和无效的转移。

2）基础性

水是植物、动物、土地和生态等绝大部分自然资源中普遍存在的资源，与许多资源的联系表现为强相关，仅与非消耗性金属资源、化石燃料资源、太阳能和原子能资源非相关或弱相关，仅存在部分间接相关特性。

3）时限性

全球各地的降水主要集中于少数丰水月份，而长时间的枯水期是少雨水或无降水，如我国南方汛期一般为5～8月份，降水量占全年降水量的60％～70％，2/3的降水量以洪水和涝水形式排入海洋；华北、西北和东北地区，年降水量主要集中在几次较大的暴雨中，极易造成洪涝灾害，给水资源的充分利用带来实际困难。

4）两重性

水资源具有“利害两重性”，在一定时空范围内，水少则旱，水多则涝，水脏则污，水浑则失。因此，人类在兴水利的同时，不得不防水害。

水资源的流动性、基础性、时限性和两重性是从其自然属性所作出的归纳，水资源附加了人类劳动而表现出社会性，因此其显性的经济社会特征可归纳为：第一，狭义水资源是一种再生性水资源，它可以不断循环更新和再生，但在特定地区或特定使用地点可以被耗光用尽；第二，它具有重复利用的特性，一水可以多用，并且重复利用的次数越多，单位价值就越大；因此，在相同的供水条件下，水的实际使用量和价值量是不固定的；第三，水资源具有独特的物理、化学性质，这决定了它是人类必需的、一种不可替代的“稀缺”资源；第四，水资源的时空分布极不平衡，这就决定了它有一大部分不可能被人类利用，从而失去资源的利用价值。

2. 水资源属性

水资源属性主要包括自然属性、环境属性、经济属性和社会属性。

1）自然属性

水资源是自然界最基本且最活跃的因素，也是最具有多种用途而又不可替代的可更新自然资源。水的自然属性是指其作为生产过程的投入要素所体现的特征。水资源主要来源是天然降水，并通过地表径流形成地表水资源，下渗形成土壤与地下水资源，植物吸收形成植物水资源。因此，水资源的形成过程是一个自然过程，其存在形式也是纯天然的，并遵循一定的自然规律运移转换。水文循环形成一切水文现象，不但在水资源形成过程中起举足轻重的作用，而且直接影响气候变化，形成江、湖、沼泽等水体，以及各种地貌。

2）环境属性

水资源是生态环境的基本要素，是生态环境系统结构与功能的组成部分。与水有关的生态环境问题主要表现在河流湖泊萎缩、地下水位下降、森林草原退化、土地沙化、水土流失、灌区次生盐渍化、地表和地下水体污染等方面。大规模河道外用水导致了大河断流、湖泊缩小和湿地消失；过量超采地下水形成大面积的地下水位下降漏斗与土层干化；植被退化导致了水土流失；不当的灌溉方式加重了次生盐渍化；随着用水量的不断增加，废污水排放量也会相应增加，而废污水处理回用的增长相对滞后，形成大范围的水体污染，导致有效水资源量的减少。

3）经济属性

水资源具有稀缺性、不可替代性、再生性和波动性四大经济特性。水资源价值具有多维度性，不仅具有使用价值，如生产、生态功能，还具有非使用价值，如未来选择价值、存在价值和遗产价值。不同水资源在不同用途时应被视为不同的经济物品，同一水体在同一时间段内同时兼有不同的功能，这导致了水资源价值研究的复杂性。水资源按用途可以分为消耗性用水（如农田灌溉用水）和非消耗性用水（如水力发电、航运用水）。通常状况下，如果消耗性用水量达不到一定的极限，那么不会影响非消耗性用水的价值。但是随着水资源开发程度趋于极限，消耗性用水的价值和非消耗性用水的价值会相互影响。

4）社会属性

水是生命之源，哪里有水，哪里就有生命，一切生命活动都离不开水。水资源的社会属性包括以下几点。①占有主体的不确定性。水资源占有主体的不确定性，是指在水的自然运动和循环过程中，来自任何社会层面的主体，都不能够真正对某一特定自然水体拥有绝对确定的占有权利，水资源的社会主体占有权，来自于水循环运动的区域稳定性和相对可靠性。②利益主体的可转变性。水资源利益的可转变性，是指在同一条河流的上下游、左右岸等不同地段，或同一流域的有关地段之间，通过一定的社会活动和手段，使各方的水资源利益或危害可以相互转化。③作用指向的双重性。一方面，水资源对满足人类物质生活和精神生活需要具有双重必要，即在物质层面上为社会劳动产品的生产提供原材料需要，同时，由自然水体的各种景致所构成的水环境，成为人们回归自然、陶冶情操的精神生活需要。另一方面，水资源对社会存在与发展具有广泛支撑性和破坏性。水资源对于人类社会的日常生活、工农业生产等社会行为活动来说，是必不可少的资源支撑、经济发展保证和环境保障条件。离开水，就谈不上人类社会的生存，谈不上农业的发展，更谈不上社会的进步。人类的生存及现代文明建设，都和水有直接联系，许多大江大河都是人类文明史创造与发展的源地，这可从许多河流的中下游地区均是经济社会文化发达、人口城镇密集的要地得到佐证，其中一个很重要的因素就是水资源相对丰富，对该地区社会经济发展有基本保证。同时，水资源也存在超常运动，如洪水也会把人类的辛勤劳动成果毁于一旦。④受用机会的不均等性。由于水资源在开发利用方面具有显著的区域性特点，在社会经济发展系统中，水资源的开发利用是以具有一定数量人口和一定地理面积的行政区域为单位来进行规划和实施的，它与水资源的自然流域性既有一定的地理重合，也有相当程度的地理差别和管理目标的差异，因此水资源被享用机会具有不均等性。在地球上不同的气候带、在同一条河流的不同地段，人们享用水资源开发利用的条件具有显著差别，不同区域的人类团体和个人对享用水资源的机会具有非均衡性。

3.2.3　水资源对产业的影响

水是一种自然资源，是一种独立于土地之外的生产要素，既属于土地，又因其流动性，不完全从属于具有一定边界的特定土地。水既是自然资源，又是经济资源，具有生活资料和生产资料的双重属性；既是工农业等一切经济活动不可或缺的投入资源，又是人类消费生活中不可替代的消费品。

1. 水资源对农业生产的影响

水资源是农业的支柱。人类自开始有规律的农业生产以来，就一直使用着水资源。农作物的生产和农业的发展都离不开水。农业用水包括农田灌溉用水及林牧渔用水，农田灌溉用水是农业用水的主要方面。水是任何农作物生长过程中都不可缺少的要素，它可以合理调节土壤中的养料、通气和温度等状况，以满足作物生长发育的需要，从而达到稳产、高产的目的。据测算，生产 1t 稻谷需要消耗约 400t 水，生产 1t 玉米要消耗约 150t 水。据国际水稻委员会对孟加拉国、中国、印度、印度尼西亚、缅甸、菲律宾、斯里兰卡和泰国的调查统计，灌溉对水稻生产所起的作用最大。林业、水产养殖业和畜牧业生产也离不开水。林业灌溉可以提高森林覆盖率，具有防止水土流失、美化环境等多种生态功能，这又会促进种植业、畜牧业的发展。水产养殖更是与水量和水质息息相关。总之，离开水的参与，大农业生产就成为一句空话。我国是以农业立国的国家，开发利用水资源，发展农田灌溉，对提高农作物产量具有重要意义。

2. 水资源对工业生产的影响

水参加了工矿企业生产的重要过程，水在制造、加工、冷却、净化、空调、洗涤等方面发挥着重要作用。水在工业中的用途大致可归纳为以下几类：①冷却用水，用于机械设备的冷却降温；②动力用水，以水蒸气推动机器运转或水力发电；③生产技术用水，用于产品制造过程中处理和清洗产品；④空调用水，用于调节室内温度和湿度，一般不接触产品和原料，在纺织、电子仪表、精密机械行业应用较多；⑤产品用水，即以水作为产品的主要原料之一，如饮料、酒、酱油及醋等食品工业用水；⑥其他用水，如企业内环境、卫生用水和绿化用水等。

从经济发展的角度看，工业生产和布局的形成主要涉及自然资源、能源、交通运输、市场、劳动力、农业基础及科学技术条件等诸多因素的分布和有机组合。水是工业生产必不可少的要素，水资源的分布会影响工业规模和工业结构，在缺水地区，钢铁、机械、纺织、化工等高耗水型产业的发展会受到一定的约束。

3. 水资源对生活的影响

水除了作为一种生产要素在工农业生产中起着重要作用，还是一种生活要素，对社会的可持续发展发挥着不可替代的作用。虽然生活用水在总用水量中所占比重不大，但生活用水紧张所造成的社会影响却很大，涉及千家万户。城市和农村都把生活用水作为第一保证对象。

水资源关系到民众安居乐业所需要的稳定社会环境。水是基本的生活资源，由于长期粗放的增长方式，我国经济在高速增长的同时，也付出了巨大的资源和环境代价。水具有资源和环境的双重身份，自然也受到极大影响。一个国家的各部门之间、各地区之间常常出现争夺水资源的现象。例如，在一些水资源并不充沛的区域，作为“用水大户”的农业与工业之间及其他行业之间“争水”的局面变得越来越激烈，城市与农村、发达地区与欠发达地区逐渐陷入争夺水资源的困境之中。“争水”必然影响人民的生活。人民的安居乐业和社会的稳定与和谐，需要有稳定的水资源供应和和谐的水资源利用机制。

水是支撑城市发展的重要基础，世界上大中型城市大都分布在江河的两岸，丰富的水资源孕育了城市的发展。曾经富饶的楼兰，如今只在茫茫的罗布泊沙漠中留下了凭吊的古城遗址，楼兰消亡的原因之一就是水资源的消失。

水资源危机影响生活质量。人民生活水平和生活质量是与生活用水占有量息息相关的。水既是生活必需品，又是满足享受需求和发展需求的重要产品。作为生活必需品，水资源短缺会直接影响人民生活水平。在市场经济条件下，水资源短缺意味着对水资源的需求大于供给，这导致水价上涨。在人均收入水平不变的前提下，水价上涨会影响人民的福利。具体来说，水价的上涨会导致恩格尔系数的上升，即人民用于生活必需品的消费在收入中所占的比重上升。人们可支配收入中用于与水有关的消费的比例在不断提高，而且用水方式也在不断变化，水上旅游、水环境消费等即将成为居民家庭消费的重要部分。供水不足给居民带来诸多不便，每天为饮水发愁的生活质量，即使有很多的财富也不是高品质的生活[1]。

3.2.4　我国水资源状况

1. 水资源构成

我国水资源补给来源主要为大气降水，赋存形式主要为地表水和地下水。我国多年平均年降水总量为6.2万亿m^3，折合年降水水深为648mm。地表水资源量即为河川径流量，全国河川径流量为2.7万亿m^3，其中地下水排泄量为6780亿m^3，冰川融水补给量为560亿m^3。全国多年平均地下水资源量为8288亿m^3，其中山丘区地下水资源量为6762亿m^3，平原区地下水资源量为1874亿m^3，山丘区与平原区的重复交换量约为348亿m^3。扣除地表水与地下水相互重复水量，全国水资源总量为2.8万亿m^3。

2. 水资源分布特点

我国水资源分布的总体特点是：年内分布集中，年际变化大；黄河、淮河、海河、辽河四流域水资源量较小，长江、珠江、松花江流域水资源量较大；西北内陆干旱区水量稀缺，西南地区水量丰沛。

1）水资源总量多，人均占有量少和工业发展提供水源

我国水资源总量位居世界第四位，但人均占有水资源量仅为世界平均值的1/4，约相当于日本的1/2，美国的1/4，俄罗斯的1/12。

2）水土资源区域分布不相匹配

全国水资源80%分布在长江流域及其以南地区，人均水资源量为3490m^3，亩均水资源量为4300m^3，属于人多、地少，经济发达，水资源相对丰富的地区。长江流域以北广大地区的水资源量仅占全国的14.7%，人均水资源量为770m^3，亩均水资源量约为471m^3，属于人多、地多，经济相对发达，水资源短缺的地区，其中黄淮海流域水资源短缺尤为突出。我国内陆河地区水资源量只占全国的4.8%，生态环境脆弱，开发利用水资源受到生态环境需水的制约。

3）水资源补给年内与年际变化大

受季风气候影响，我国降水量年内分配极不均匀，大部分地区年内汛期4个月降水量占全年降水量的70%左右（南方60%左右，北方80%左右）。我国水资源中约2/3是洪水径流量。降水和径流的年际变化很大，大部分流域出现连续丰水年或枯水年的情况，是造成水旱灾害频繁、开发利用难度大和水资源供需矛盾十分尖锐的主要原因。

3. 水资源开发利用现状

根据第一次全国水利普查公报，全国堤防总长度为413679km，全国已建成大、中、小型水库98002座，总库容9323.12亿m^3，基本控制了大江大河的常遇洪水，有效灌溉面积从20世纪50年代的2.4亿亩（1亩≈666.67m^2）扩大到10.02亿亩，并为城市和工业发展提供水源。全国用水量从1949年的1000多亿m^3增加到2013年的6183.4亿m^3，其中生活用水占12.1%，工业用水占22.8%，农业用水占63.4%，生态环境补水（仅包括人为措施供给的城镇环境用水和部分河湖、湿地补水）占1.7%。2013年，全国人均综合用水量为456m^3，万元国内生产总值（当年价）用水量为109m^3。耕地实际灌溉亩均用水量为418m^3，农田灌溉水有效利用系数为0.523，万元工业增加值（当年价）用水量为67m^3，城镇人均生活用水量（含公共用水）为212L/d，农村居民人均生活用水量为80L/d。

4. 水资源开发利用程度

2015年3月22日主题为“节约水资源 保障水安全”新闻通气会上发布的数据显示，我国水资源开发利用逼近红线。全国用水总量正在逐渐接近国务院确定的2020年用水总量控制目标，开发空间十分有限。海河、黄河、辽河流域水资源开发利用率已经分别达到106%、82%、76%，西北内陆河流开发利用已接近甚至超出水资源承载能力。这些流域水资源过度开发利用，引发了河道断流、地下水严重超

采、河口生态恶化等问题。

5. 水环境状况

1）地表水水环境

根据全国水环境监测网2013年的水质监测资料，对全国20.8万km的河流水质状况进行了评价。全年Ⅰ类水河长占评价总河长的4.8%，Ⅱ类水河长占评价总河长的42.5%，Ⅲ类水河长占评价总河长的21.3%，Ⅳ类水河长占评价总河长的10.8%，Ⅴ类水河长占评价总河长的5.7%，劣Ⅴ类水河长占评价总河长的14.9%。全国Ⅰ～Ⅲ类水河长比例为68.6%。对全国开发利用程度较高和面积较大的119个主要湖泊共2.9万km^2水面进行了水质评价。全年总体水质为Ⅰ～Ⅲ类的湖泊有38个，Ⅳ类和Ⅴ类湖泊有50个，劣Ⅴ类湖泊有31个，分别占评价湖泊总数的31.9%、42.0%和26.1%。主要污染项目是总磷、五日生化需氧量和氨氮。对上述湖泊进行营养状态评价，大部分湖泊处于富营养状态。对全国262座大型水库、381座中型水库及24座小型水库，共667座主要水库进行了水质评价。全年水质为Ⅰ类的水库有31座，占评价水库总数的4.6%；Ⅱ类水库301座，占评价水库总数的45.1%；Ⅲ类水库211座，占评价水库总数的31.6%；Ⅳ类水库66座，占评价水库总数的9.9%；Ⅴ类水库25座，占评价水库总数的3.7%；劣Ⅴ类水库33座，占评价水库总数的4.9%。全国评价水功能区5134个，满足水域功能目标的有2538个，占评价水功能区总数的49.4%。其中，满足水域功能目标的一级水功能区(不包括开发利用区)占57.7%；二级水功能区占44.5%。

2）地下水水环境

2013年，依据1229眼水质监测井的资料，北京、辽宁、吉林、黑龙江、河南、上海、江苏、安徽、海南、广东10省(直辖市)对地下水水质进行了分类评价。水质适用于各种用途的Ⅰ类和Ⅱ类监测井占评价监测井总数的2.4%；适合集中式生活饮用水水源及工农业用水的Ⅲ类监测井占评价监测井总数的20.5%；适合除饮用外其他用途的Ⅳ类和Ⅴ类监测井占评价监测井总数的77.1%。

3.3　水资源经济特性

3.3.1　基本经济特性

1. 生产要素属性

水资源是国民经济发展不可缺少的重要生产要素，对农业生产和工业生产及城市的发展都具有十分重要的作用。天然水资源经过水利工程的引导和其他加工、买卖后，以生产资料的形式进入市场。水资源的生产资料属性以水的资源属性为基础。

水资源是农业生产的命脉，农作物生长的每一个环节都离不开水，并且水量的供给情况在很大程度上决定了农业生产的产量。水是工业生产的血液，它维系着工业生产，其质与量决定工业经济效益的好坏，钢铁工业、印染工艺、造纸工业等更是用水大户。我国用水总量由 1997 年的 5566 亿 m^3 增加到 2009 年的 5965 亿 m^3，增加了 399 亿 m^3。除了农业用水受气候影响上下波动、总体呈缓降趋势外，工业用水和生活用水均呈持续增加态势，但是增长幅度不大，工业用水和生活用水比重分别从 20.14%和 9.43%提高到 23.32%和 12.54%。2003 年将生态用水单列，纳入用水系统，用水量从 79.8 亿 m^3 增加到 2009 年的 103 亿 m^3。水资源利用类型的增加体现了在水资源利用过程中，人类充分认识到水资源的生态功能及生态环境保护的重要性，用水结构功能逐步完善。1997～2009 年，全国用水量变化趋势见图 3.1。由图可见，近几年全国用水量呈上升趋势，2003 年用水总量最低，为 5320 亿 m^3，2009 年用水总量最大，为 5965 亿 m^3。其中，农业用水量在 2003 年达到最小值 3431 亿 m^3，总体有波动下降的态势；工业用水量、生活用水量和生态用水量平稳上升。显然，农业用水量是用水总量的主要组成部分，农业发展是用水需求增加的重要驱动因素。

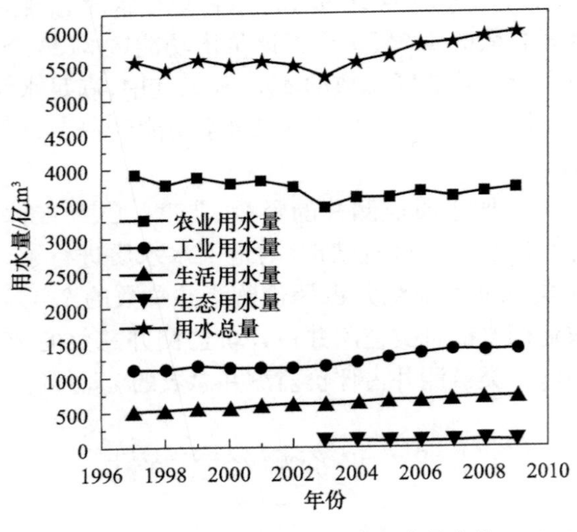

图 3.1　1997～2009 年全国用水量变化

2. 不可替代性

替代性是经济学中的一个重要概念，它是指一个对象可以被另一个对象取代，发挥同样或者近似的效用。不可替代性是指一个对象由于自身特殊性是其他对象无法替代的[2]。

水资源是不可替代的，其不可替代性具有绝对和相对两个方面。从功能来分析，水资源一般可分为环境功能和资源功能两大类。其环境功能是一切生命赖以生存的基本条件。水是植物光合作用的基本材料，是人类及一切生物所需的养分溶解、输移的条件，这些都是任何其他物质绝对不可替代的。水资源资源功能的大部分内容也是不可替代的重要生产要素。如水的汽化热和热容量是所有物质中最高的；水的表面张力在所有液体中是最大的；水具有不可压缩性；水是最好的溶剂等。水资源功能的一部分，在某些方面或工业生产的某些环节是可以替代的。如工业冷却用水，可用风冷替代；水电可用火电、核电替代。但这种替代在经济上昂贵得多，缺乏经济上的可行性。在成本上是非对称性的，即用水是低成本的，而替代物是相对高成本的。如从环境经济学分析，这种替代往往要付出更大的生态环境成本。因此，在这种情况下，水的资源功能在经济上也是相对不可替代的。水资源的不可替代性不仅说明其在自然、经济与社会发展中的重要程度，同时也增加了水资源的稀缺程度。重估水资源经济价值时需充分考虑这一点，如可替代品之间是竞争关系，其价格在市场上有平衡性；不可替代水资源的价格就具有特殊性。

3. 稀缺性

经济学上稀缺性的定义为：相对于人的无穷无尽的欲望而言，经济物品以及生产这些物品的资源总是不足的，即相对于消费需求来说可供数量有限。瓦尔拉认为，当一种货物的数量(相对于它能满足需要的能力来说)有限时，可以说它稀有。稀缺性是资源价值的基础，也是市场形成的根本条件，只有稀缺的东西才会具有经济学意义上的价值，才会在市场上有价格。自然资源之所以成为资源，是因为其稀缺。自然资源之所以有价值，首先是因为其在现实社会经济发展中的稀缺性，稀缺性是资源价值存在的充分条件。

对水资源价值的认识，是随着人类社会的发展和水资源稀缺性的逐步提高逐渐发展和形成的。水资源的价值也存在从无到有、由低向高的演变过程。人类社会的迅速发展，世界人口的急剧增加，使人们对水的需求量越来越大。在世界有些地区，水资源已经成为经济发展的制约因素之一。水资源供给出现短缺时，人们才真正认识到水资源的价值及重要性。因此，水资源价值的大小是其在不同地区不同时段的水资源稀缺性的体现。

水资源具有严格意义上的稀缺性，它是战略性的经济资源，无论是从发展生产、提高人们生活水平出发，还是从维护生态环境出发，它都是不可替代的。水资源具有不可替代性。而发展经济、提高人民生活水平和维护生态环境等都迫切需要水资源，人类对于可用水资源的需求在无限制增长。水资源短缺已成为关系到贫困、可持续发展乃至世界和平与安全的重大课题。人类所拥有的资源(包括水资源)总是有限的,正是由于无限的欲望和有限的资源之间冲突的存在,才产生了人类的经济活动。

从理论上来说,稀缺性可以分为两类:经济稀缺性和物质稀缺性。假如水资源的绝对数量并不少,可以满足人类相当长时期的需要,但由于获取水资源需要投入生产成本,而且在投入某一数量的单位生产成本条件下可以获取的水资源是有限的、供不应求的,这种情况下的稀缺性就称为经济稀缺性。假如水资源的绝对数量短缺,不足以满足人类相当长时期的需要,这种情况下的稀缺性就称为物质稀缺性。经济稀缺性和物质稀缺性是可以相互转化的。缺水区自身的水资源绝对数量不足以满足人们的需要,因而当地的水资源具有严格意义上的物质稀缺性。但是如果考虑可以通过跨流域调水,海水淡化、节水、循环用水等措施增加缺水地区水资源有效使用量,水资源似乎又只具有经济稀缺性,只是所需要的生产成本相当高而已。富水区由于水污染严重,又缺乏资金治理,可用水量的减少也满足不了需求,成为水资源经济稀缺性的区域。

当今世界,水资源既有物质稀缺性,人均可用水量不够,又有经济稀缺性,缺乏大量的开发资金。正是水资源供求矛盾日益突出,人们才逐渐重视水资源的稀缺性问题。就全球而言,地球水圈内全部水体总储存量达到13.86亿km^3,便于人类利用的水量只有0.1065亿km^3,仅占地球总储存量的0.77%。可见水资源总量可观,可用量稀少,可供量则更少。国际公认人均水资源量少于1700m^3为水紧张警戒线,少于1000m^3为缺水警戒线,目前缺水问题已经影响到全世界40%的人口,到2050年此比例将达到2/3。我国水资源总量居世界第四位,但是人均占有量只相当于世界人均的1/4,排在世界第121位,已被列为全球13个贫水国之一。据统计,我国水资源已经出现了严重的赤字。农业缺水300亿m^3,城市缺水60亿m^3。相对于水需求,水的稀缺程度已经成为我国极大的忧患。

水资源的稀缺性决定了水的占有权成为必要,日本1896年的《河流法》就有水权规定。水资源的稀缺性使水资源只有按一定价格才能交换而得,水的有偿使用在全球被普遍采用。既然水资源稀缺性与水资源价值密不可分,其稀缺性就应通过价格反映出来,水价应包含在水资源稀缺性因素中。如果进一步动态地分析,在不同地区、不同丰枯年份及季节,水资源稀缺程度是变化的,水价也是一个动态连续体现水资源稀缺变化的过程。

4. 使用价值

水资源同其他自然资源一样,具有经济价值。水资源的经济价值来源于水资源具有使用价值。水资源是重要的生产要素,通过合理开发和利用水资源,能增加社会净福利,促进社会经济发展;水资源具有生态环境保障作用,具有生态环境价值；水资源具有所有者权益，具有资源地租；有限水资源的开发利用是要付出代价的，具有被占用和排他使用的交易价格或价值。从水资源可持续利用的观点看，水资源的开发利用应体现社会公平性，应考虑到后代的需求，即代际公平。因而水资源在空间上和时间上具有不同的价值衡量[3]。

水资源价值，即水资源本身的价值，是地租的资金化，是水资源使用者为了获得水资源使用权需要支付给水资源所有者一定的货币额，它体现了水资源所有者与使用者之间的经济关系，是水资源有偿使用的具体体现，是对水资源所有者因水资源资产付出的一种补偿，是维持水资源持续供给的最基本前提，是所有权在经济上得以体现的具体结果。

水资源价值的内涵主要体现在稀缺性、资源产权和劳动价值三个方面。稀缺性是水资源价值的基础，水之所以成为资源并有价值就是因为其在现实社会经济发展中具有相对稀缺性。水资源具有价值首先反映出水资源具有稀缺性，其价值大小也是其在所处时空下稀缺程度的体现。资源产权是经济运作的基础，水资源配置与水资源产权密切相关，水资源具有价值也是水资源产权的体现。如果水资源产权不存在，任何人取用水不需要付出任何成本，水资源就会被过度使用、滥用或者浪费，水资源优化配置也就无从实现。与其他商品一样，在水资源的生产、流通过程中包含劳动价值，这是天然水资源价值与开发水资源价值的根本区别。开发水资源价值应该等于天然水资源价值与人类劳动开发、保护利用水资源所投入劳动价值之和。

水资源价值不但在经济上使水资源所有权得以实现，而且是水资源可持续利用的经济基础。水资源价值的核算功能是实现水资源管理的基本条件，也是将其纳入国民经济核算体系的重要前提。水资源价值的调节功能使水资源价值不仅能促进节约用水、提高用水效率，还能实现水资源在各部门间和地区间的有效配置[4]。

3.3.2　需求和供给特征

水资源是稀缺资源，由于水资源的自然属性和经济属性，其需求和供给又不等同于其他一般商品，具有特殊性。

1. 需求特征

1）水资源需求的多样性和多变性

水资源需求的多样性和多变性根植于水资源的自然属性和经济属性。水资源有多种用途，而每种用途需要特殊的管理方法，可以大致分为五种：商品价值、吸收废物的价值、公共/私人美学或娱乐价值、物种和生态系统保护价值、社会和文化价值。前三种是经济价值，具有稀缺性，需要在具有竞争性的用途之间配置资源以实现经济价值的最大化；后两种是非经济价值[5]。因此，水资源的需求也相应地具有多样性，不同需求对水资源质和量的差别很大，水资源需求同时包含水质需求和水量需求，是质和量的统一。此外，由于水资源的自然特征的存在及工农业生产的需要，水资源需求在具有多样性的同时也具有多变性。农业需水是国民经济需水的大户，根据一年中各个季节或长期时间内温度、降水状况的变化而变化。居民和工业用水每日、每周、每季都在变化。

2）水资源需求弹性特征

水资源需求可以分为基本需求和非基本需求。基本需求就是为了维持正常生命、保障基本生活的日常生活用水，这部分水资源的需求价格弹性很小。随着经济发展和生活水平的提高，这部分水在总需求中只占很小的比例，而大部分用水是价格弹性相对较大的多样化用水，用水超过一定数量之后，利用价格调节水量的效果非常有限。就我国现状情况看，在水价长期维持很低水平的情况下，水资源需求的价格弹性很小，提高水价对需求造成的影响很小。对农业来讲，由于灌溉水收益很高，而价格很低，提高较小数量的灌溉水收费标准几乎不会对需求造成影响；对于工业用水来讲，水在投入要素总成本中的比例很小，企业对水价并不敏感，小幅度提高水价不足以促使其进行节水技术改造；对于城市生活用水来讲，水需求价格弹性远小于收入弹性，随着收入水平提高，水需求反而会呈持续增长的势头。

3）需水管理

需水管理是缺水地区水资源安全保障的基础，美国和加拿大早在20世纪80年代已经开始研究需水管理策略，以色列更是将需水管理定为国策，制定低耗水、高效益产业结构，大力提高用水效率。实践证明经济社会发展不一定导致用水量的必然增加，北欧国家、日本、美国通过水价杠杆、提高用水效率、海水淡化利用等措施已实现需水零增长。世界银行提出“ET管理”理念(ET为evapotranspiration的缩写，原意为蒸散)，提倡从流域水循环过程出发，减少ET消耗，维护水循环过程的收支平衡，实现真实节水，促进需水管理目标更为明确。结构节水和效率节水已经成为国际需水管理的两大研究方向，也是世界上水资源短缺国家强力推进的重要举措。

2. 供给特征

1）供给的不确定性

水资源供给受天气情况和地域特征等外部条件的影响，随时间、空间的变化而变化，无论在质还是量上都具有不确定性。

2）水资源供给规模经济

水利设施是基础设施，往往投资大、周期长，因此水利投资边际成本是递减的。在既定的需求变化范围内，当产品或服务的成本随着生产规模的扩大而下降时，由一家大企业或者直接由政府控制生产比几个规模较小的企业同时生产更能有效地利用资源，因此单个生产厂商提供这种产品或者服务是最有效的组织形式。这是典型的自然垄断情况，即单个厂商提供全部产品的供给成本最低。自然垄断情况下，垄断企业的产量会低于最优产量，而定价会高于最优价格。因此，政府通常把水资源供给作为公共管制的对象，以避免垄断定价。

3）供给弹性特征

水资源供给受制于供水设施和天然来水情况。上游地区地表水一般水量充裕，取水处于自然优先地位，水供给弹性大；下游用水受制于上游，水资源相对紧缺，很多地区需要供水设施来保障用水安全。因此，相对于供水成本来讲，水资源供给弹性的特征表现为短期内水资源供给弹性较小，长期弹性较大，水资源供给量存在自然供给极限。

在水资源较为紧缺的地区，供水成本对于水资源供给的制约程度更高。水利设施建设往往投资大且周期长，特别是大型水利枢纽、跨流域调水工程等，短期内对水资源供给情况影响不大，长期可以使供水能力有较大提高。但供水能力要受到天然水资源量的限制，存在相对的供水极限。

3.4 广义水资源高效利用理论

3.4.1 概念

广义水资源是指通过天然水循环不断补充和更新，对人工系统和天然系统具有效用的一次性淡水资源，来源于降水，赋存形式为地表水、土壤水和地下水。根据广义水资源的定义，从资源利用模式，可以将广义水资源分为三类：第一类是天然生态系统消耗而人工系统无法直接利用的降水，如消耗于裸地、沙漠戈壁和天然盐碱地的水分；第二类是人类无法直接引用但可以调控的水分，如降水产生的土壤水可为天然生态系统与人工生态系统直接利用，无法直接引提使用，但可以通过调整水资源利用模式调控这部分水分；第三类是可通过工程开发利用的水分，包括地表水、地下含水层中的潜水和承压水[6]。

从资源利用目的，可以将广义水资源的服务功能分为经济服务功能、社会服务功能和生态服务功能。水的经济服务功能是指维持与生产活动相关的功能，包括满足农业、工业、发电、航运及渔业等用水需求，如作为生产物质产品的原材料、作为生产物质的中间产品和最终产品、作为经济活动中的载体或媒介、作为精神享受的物质化产品等。水的社会服务功能主要是指人类生活用水和为提高人类生活质量的用水。水的生态服务功能是指水维持自然生态过程与区域生态环境条件的功能，包括泥沙的推移、营养物质的运输、环境净化及维持湿地、湖泊、河流等自然生态系统的结构与过程及其他人工生态系统的功能。

3.4.2　内涵

广义水资源的利用能对经济社会的发展起到积极有效的作用，能够对生态与环境起到支撑和维持作用。广义水资源高效利用必须围绕水的利用过程进行，并在利用过程中体现水的资源消耗特性；广义水资源利用消耗的高效性包括两重相互联系的特征，即微观资源利用的高效率和宏观资源配置的高效益；广义水资源高效利用目的是充分发挥水作为资源所具有的潜在的为人类社会和生态系统服务的价值和功能，以最少的资源利用与消耗获得最大的综合效益，从而实现区域广义水资源的可持续利用，促进区域的可持续发展。因此，广义水资源高效利用概念是指在相同耗用水的情况下，保持生态系统良好与经济社会效益最佳的水资源利用方式，或者是在达到区域经济社会发展目标和生态环境建设目标的基础上，区域耗用水资源最少的利用方式。

广义水资源高效利用体现四方面的含义：一是利用水源是广义的，不仅包括传统的狭义性地表地下水资源，还包括降水产生的土壤水在内的广义水资源；二是利用对象是广义的，不仅包括社会经济发展用水，还包括天然生态用水；三是利用范围是广义的，不仅针对单个用水部门和用水单元的水资源利用过程研究，还从宏观区域整体出发，研究整个区域的水资源利用状况；四是利用指标是广义的，不仅进行单项指标、单个行业用水效率和效益的评价，还采用综合指标评价区域经济和生态用水效用。

3.4.3　高效利用原则

广义水资源高效利用应遵循有效性、公平性和可持续性原则。有效性是广义水资源利用的基本原则，水资源的分配和使用过程中，必须获得经济、社会、生态和环境产出效益；公平性主要体现在社会阶层、地区和部门之间，保障人人享有水资源的权利，保障流域上下游、左右岸等不同区域之间水资源利用的权利，保障不同部门及部门内部水资源利用的权利；可持续性是要保证水资源的再生能力，实现经济长期稳定的持续增长，以及经济社会和生态系统的健康。

3.4.4　广义水资源利用效率与效益

除了航运、发电等非消耗性水资源利用，对水资源的使用主要是通过水资源的消耗来实现，正是这种无法回收、无法再重复利用的资源消耗体现了水的资源特性。水资源在其利用消耗过程中表现为两种途径：一是被生命体消耗或产品带走；二是通过蒸散发的形式参与到经济和生态量的产出过程中。因此，广义水资源利用效率可表征为水资源消耗量与供用水量或广义水资源利用量的比值，反映的是水在供人类社会与自然生态生存和生产中的资源消耗比率。广义水资源利用效益是指经济社会系统和自然生态系统在水资源的利用过程中产生的经济、社会与生态效益，可采用水的经济与生态产出量与相应的资源消耗量比值来表征。

3.4.5 广义水资源高效利用特点

广义水资源高效利用研究具有如下特点。

(1) 以广义水资源可持续利用为目标，减少用水过程中的资源损耗，提高单方耗用水的有效产出，并在社会、经济、生态和环境目标之间进行平衡，实现资源、环境和经济社会的协调发展。

(2) 以"宏观区域水资源—经济—生态复合系统"为研究对象，从系统的角度出发研究各要素之间的相互联系、相互作用和相互影响。

(3) 以水的资源特性为出发点，拓展以往仅针对取用水过程，研究"自然—人工"复合作用下区域水资源利用与消耗规律，实现对区域水资源的利用消耗机理的科学认知。

(4) 以"自然—人工"复合水循环模拟为基础，分析"自然—人工"共同作用下的区域水循环转换过程，研究水资源开发利用对水循环和水资源供用耗排变化规律的影响，以此为基础进行高效利用和调控。

(5) 以广义水资源合理配置为手段，研究对象不仅包括传统的地表、地下水资源，而且需要将降水产生的土壤水纳入统一考虑，用水对象不仅包括工业、农业、生活，还包括人工和天然生态系统，充分利用降水、合理利用地表水和地下水、科学调控土壤水。

(6) 以水对生态系统稳定的驱动作用为保障，不仅注重经济利益的获取，还要保证必需的生态系统服务功能，尤其是干旱半干旱地区，需要从水分对生态的驱动机制出发，维护区域生态系统的稳定。

(7) 以宏观效率、微观效率与效益评价为依据，水资源开发利用是为了获取经济、社会、生态与环境利益，广义水资源高效利用评价不仅要考虑微观效率与效益，还要从区域全局出发，研究广义水资源的宏观效率与效益。

3.5 水资源边际效益

从经济学的观点可以解释为：水是有限的自然资源，国民经济各部门对其使用并产生汇报。经济上有效的水资源分配，是水资源利用的边际效益在各用水部门中都相等，以获得最大的效益，即在某一部门增加单位水资源利用量产生的效益，在其他任何部门也是相同的。边际效益是从生产力角度出发，以经济学为依托，利用生产函数计算边际意义上的水资源利用效益，即边际增加一单位的水资源利用量所导致的产出增加量。边际效益体现了经济体制调整对水资源利用效率的影响，这种方法是定量分析水的效益及其对国民经济贡献的一个简单易行的手段，结果可为水资源管理宏观决策及水价调整提供参考依据。

3.5.1 相关概念

1. 基本概念

经济学认为，经济增长的主要因素来源于各类生产要素的增加，经济发展取决于各类生产要素的贡献。某生产要素对经济发展的贡献率一般指该生产要素对经济增长的直接影响。

分析一种可变要素投入数量对产量的影响，涉及以下三种基本概念。

总产量(total product，TP)是指使用既定生产要素所能生产出来的全部产量。

平均产量(average product，AP)是指平均每单位生产要素所能生产的产量。

边际产量(marginal product，MP)是指每增加一单位生产要素所增加的产量，即最后增加一单位生产要素带来的总产量的增量[7]。

现假定，用 X 表示某一生产要素投入量，ΔX 表示某一生产要素的增量，$\Delta\mathrm{TP}$ 表示总产量的增量，则有下列关系式：

$$\mathrm{AP}=\frac{\mathrm{TP}}{X},\quad \mathrm{MP}=\frac{\Delta\mathrm{TP}}{\Delta X} \tag{3.1}$$

在经济学中，边际效益是指在最小经济成本的情况下达到最大的经济效益，即物品最后一单位比其前一单位的效用。如果后一单位的效用比前一单位效用大，则是边际效益递增，反之为边际效益递减。

边际效益递增是指在知识依赖型经济中，随着知识与技术要素投入的增加，产出变多，生产者收益呈递增趋势明显。这一规律以知识经济为背景，在知识依赖型经济中生产要素简化成知识性投入和其他物质性投入。

边际效益递减是指在一个以资源作为投入的企业，单位资源投入对产品产出的效益是不断递减的，也就是说，虽然其产出总量是递增的，但二阶导数为负值，使其增长速度不断变慢，其最终趋于峰值并有可能衰退，即可变要素的边际产量会递减。

2. 边际收益递减规律

总产量和平均产量的变动与边际产量的变动存在极为密切的关系。而对边际产量来说，在技术给定和其他生产要素不变的情况下，当一种可变投入要素的投入量小于某一特定值时，增加该种可变投入要素的投入量会带来边际产量递增；而当该种可变投入要素的投入量超过这个特定值时，再增加该种可变投入要素的投入量反而会使边际产量开始递减,这就是经济学上著名的边际收益递减规律。边际收益递减规律是从生产实践中总结出来的物质生产领域的基本规律,而不是从数理规律中推导和演绎出来的,事实上,在现实生活中,绝大多数的生产领域都存在边际收益递减规律。

生产领域出现边际收益递减规律的原因是什么?一般认为,在生产过程中,可变投入要素和不变投入要素之间存在一个最佳的组合比例。随着可变投入要素的不断增加,并逐渐达到甚至超过最佳组合比例时,就会使不变投入要素和可变投入要素的组合比例变得越来越不合理。当可变投入要素较少时,在特定的不变投入要素下,生产要素的组合比例远远没有达到最佳状态,随着可变投入要素的增加,生产要素的组合比例越来越接近最佳组合比例,可变投入要素的边际产量就会达到最大值;在此之后,再继续增加可变投入要素的投入量,就会使得生产要素的组合比例越来越偏离最佳组合比例,而可变投入要素的边际产量便开始呈现下降的趋势。

需要注意的是,边际收益递减规律发挥作用是需要一定条件的,当这些条件不能满足时,边际收益递减规律可能就不再适用。因此,对边际收益递减规律的理解应注意以下几个问题。

(1) 边际收益递减规律是以生产技术水平保持不变为前提的。如果生产技术水平取得进步,有可能出现保持某些生产要素固定不变,而增加一种可变生产要素反而出现收益递增的情况。

(2) 边际收益递减规律是以其他生产要素保持不变,只有一种生产要素变动为前提。因此,边际收益递减规律仅适用于生产要素组合比例可变的生产函数,而不适用于固定比例的生产函数。

(3) 随着可变投入要素投入量的增加,边际收益依次经过递增、递减乃至变为负数几个阶段。虽然初始阶段会出现边际收益递增现象,但这并不违背边际收益递减规律。边际收益递减规律强调的是,随着可变投入要素持续增加,最终会出现边际收益递减的趋势[8]。

边际收益递减规律反映了投入和产出之间的客观关系,即可变投入要素的投入量与边际产量之间不一定是正相关关系,并不是任何投入都会带来最大的产出。在生产技术条件保持不变的情况下,生产要素的投入量必须依照最优比例进行组合,才能够充分发挥各生产要素的效率,而一味地追加某一可变投入要素的投入量,只能导致资源的浪费和效率的下降。

3.5.2 生产函数

计量经济学方法是通过拟合各种投入和产出要素之间的关系,求解要素变动边际产出效应的方法,包括生产函数法、需求函数法和一般均衡模型分析法。考虑供求平衡的一般均衡(computable general equilibrium,CGE)模型分析法,理论严密,是较理想的计算水经济价值的方法之一,但模型要求的资料数据庞大,收集和处理资料十分困难。CGE模型是一个静态的资源配置模型,有极为严格的假设条件才能成立,现实中往往并不存在,实践应用困难。生产函数法可以对投入要素求一阶偏导数,求出投入要素的边际效益。通常这些函数对现实数据拟合效果较好,具有普遍适用性。

水资源作为一种宝贵的自然资源,是人类赖以生存的不可替代的物质资源。从宏观经济学的角度看,水资源对经济总量的变化、经济结构演变及经济空间布局有着重要影响[1]。经济学中的生产函数概念可以用来描述经济总产出与投入之间的关系,它表示在一定技术条件下,生产要素的某种组合同它可能生产的最大产出量之间的数量关系[9]。假定有 n 种生产要素,如原材料、资本、劳动力等,其投入量分别为 $X_1, X_2, \cdots, X_n$,生产处于最佳状态时,最大产出(生产量)为 Q,生产函数可表示为

$$Q = f(X_1, X_2, \cdots, X_n) \tag{3.2}$$

式(3.2)的经济含义是:在一定的技术水平条件下,在某一时间内为生产出 Q 数量的某产品,需要相应投入的 $X_i(i=1,2,\cdots,n)$ 生产要素的数量及其组合的比例;如果 X_i 的投入量已知,那么就可以得出 Q 的最大量;如果 Q 已知,那么就可以知道所需要的 X_i 的最低限度的投入量[10]。

在经济学分析中,为了简化分析,通常假定生产中只使用劳动力和资本这两种生产要素。若以 L 表示劳动投入数量,以 K 表示资本投入数量,则生产函数写为

$$Q = f(L, K) \tag{3.3}$$

生产函数表示生产中的投入量和产出量之间的依存关系,这种关系普遍存在于各种生产过程中[11]。

3.5.3 科布-道格拉斯生产函数

1927年,美国经济学家保罗·道格拉斯(Paul Douglas)根据美国1899~1922年的历史统计资料,发现资本创造的国民收入与劳动创造的国民收入间的比率在相当长的时间内基本保持不变。针对这种固定比率的现象,道格拉斯求教于数学家查尔斯·科布(Charles Cobb),发现产出与劳动力、资本之间的函数关系具有这一性质:

$$Y = AK^{\alpha}L^{1-\alpha}, \quad 0 \leqslant \alpha \leqslant 1 \tag{3.4}$$

式中,Y 表示国民收入;A 为正数,表示技术水平;K 表示资本;L 表示劳动力;α 表示资本对国民收入的贡献率(国民收入中的资本份额);$1-\alpha$ 表示劳动力对国民收入的贡献率。

多年来，生产函数一直被视为论证西方经济学分配论的工具。可是，科布-道格拉斯生产函数的假定中含有“技术水平恒定”等限制条件，且有人对[$\alpha+(1-\alpha)=1$]的函数形式提出异议，因此，它在实际应用中受到限制。

1942 年，首届诺贝尔经济学奖获得者简·丁伯根(Jan Tinbergen)对科布-道格拉斯生产函数做了重大改进[12]，将 A 变换为动态变量的形式 A_t，初期的函数形式亦改写为

$$Y=A_tK^{\alpha}L^{\beta} \tag{3.5}$$

式中，α 为资本弹性，当生产资本增加 1%时产出平均增长 α%；β 为劳动力弹性，当投入生产的劳动力增加 1%时产出平均增长 β%。

随着经济社会的发展，水资源逐渐成为稀缺性资源，水资源价值也逐步突显而不再是无偿使用。作为国民经济可持续发展的重要资源基础，水资源是农业、工业、生活生产不可或缺的生产要素，目前，水资源紧缺而现行水价偏低，这种现状不足以引起对可持续发展的水资源管理的重视，需要把水资源作为第三种投入加入科布-道格拉斯生产函数中，作为生产函数的自变量之一，计算其所创造的效益。于是，考虑了水资源要素的科布-道格拉斯生产函数可表示为

$$Y=A_tK^{\alpha}L^{\beta}W^{\gamma} \tag{3.6}$$

式中，Y 为总产值；A_t 为技术效率；L 为劳动力；K 为固定资产投资；W 为用水量；α 为资本弹性；β 为劳动力弹性；γ 为用水弹性。

这样就确立了以水资源为一种投入要素的科布-道格拉斯生产函数，可以利用用水弹性求出水资源的边际效益。对式(3.6)两边取对数，即是产业产出与资本、劳动力和水资源的双对数线性关系式，即

$$\ln Y=\ln A_t+\alpha\ln K+\beta\ln L+\gamma\ln W \tag{3.7}$$

其中，$\ln A_t$、α、β 和 γ 为待估参数。

对式(3.7)求关于 W 的偏导数，有

$$\frac{\partial Y}{\partial W}=A_tK^{\alpha}L^{\beta}\gamma W^{\gamma-1}=Y\frac{\gamma}{W} \tag{3.8}$$

则有

$$\frac{\partial Y}{\partial W}=\gamma\frac{Y}{W} \tag{3.9}$$

式中，Y/W 为单方用水产出率，即产业万元产值用水量的倒数，表明水对各产业的边际效益为用水弹性与万元产值用水量倒数的乘积。

规模报酬是同比例地变动所有的投入量而产生产出变动，也就是生产规模的变动而引起的产出的变动情况。规模报酬以技术水平的基本不变为前提，考察所有生产要素变动对产出的影响。生产函数中，$\alpha+\beta+\gamma$ 称为规模弹性。$\alpha+\beta+\gamma>1$ 称为规模报酬递增，是指增加投入时，产出的增加速度快于生产要素投入的

增加速度；$\alpha+\beta+\gamma=1$ 称为规模报酬不变，是指增加投入时，产出的增加速度等于生产要素投入的增加速度；$\alpha+\beta+\gamma<1$ 称为规模报酬递减，是指增加投入时，产出的增加速度慢于生产要素投入的增加速度，这就是常说的出现了规模不经济。为了正确反映水资源投入要素对产出的贡献，采用折算用水弹性消除规模弹性的影响，即

$$\gamma'=\frac{\gamma}{\alpha+\beta+\gamma} \tag{3.10}$$

所以，消除规模弹性影响的产业用水边际效益为

$$\frac{\partial Y}{\partial W}=\gamma'\frac{Y}{W} \tag{3.11}$$

参考文献

[1] 沈满洪. 水资源经济学. 北京：中国环境科学出版社，2008.

[2] 徐风. 水资源经济特性研究. 河海大学学报(哲学社会科学版)，1999，1(3)：3-7.

[3] 汪党献，王浩，尹明万. 水资源、水资源价值、水资源影子价格. 水科学进展，1996，2(10)：195-200.

[4] 王茵. 水资源利用的经济学分析. 哈尔滨：黑龙江大学，2006.

[5] 黄河. 水资源经济分析与政策研究. 北京：中国人民大学，2000.

[6] 裴源生，赵勇，张金萍，等. 广义水资源高效利用理论与实践. 水利学报，2009，40(4)：442-448.

[7] 张树安，李桂荣，曹阳. 西方经济学. 北京：科学出版社，2007.

[8] 夏洪胜，张世贤. 管理经济学. 北京：经济管理出版社，2013.

[9] 张保法. 经济模型导论. 北京：经济科学出版社，2007.

[10] 王惠清. 西方经济学. 南京：东南大学出版社，2009.

[11] 龚治国，魏玉. 西方经济学. 北京：电子工业出版社，2009.

[12] 原道谋. 科布-道格拉斯生产函数的研究应用. 机械工程，1987，(6)：16-22.

第4章 区域健康水循环评价

4.1 概 述

按照二元水循环理论，在大规模人类活动影响下，流域水循环具有明显的二元结构特点，即由单一的自然水循环结构演化成为“自然—社会”二元水循环结构。二元水循环过程包括以“大气水—地表水—土壤水—地下水”四水转化为特征的自然水循环过程和以“蓄水—取水—输水—用水—耗水—排水”六大子过程相互转化为特征的社会侧支水循环[1]。任何子过程发生变化，都会影响水循环的运行状态。病态的水循环严重影响水资源的再生性，引起生态环境的恶化，制约人类社会的正常发展。

健康的社会水循环是指在水的社会循环中，尊重水的自然运动规律和品格，合理科学地使用水资源，同时将使用过的废水适当再生和净化，使上游地区的用水循环不影响下游水域的水体功能、社会循环不损害自然循环的客观规律，从而维系或恢复城市乃至流域的良好水环境，实现水资源的可持续利用[2]。明确水循环的健康状态，合理评价区域健康水循环，对提高水资源利用效率、改善生态环境、促进水资源可持续发展与社会健康发展有重大意义。

4.2 健康水循环评价体系

4.2.1 健康水循环评价内涵

在区域社会功能被过度开发而导致流域自然功能衰退，甚至严重制约社会经济可持续发展的背景下，健康水循环概念提出的目的是使受损的自然水功能得到一定程度的修复和补偿[3]。因此，区域健康水循环的标志应该是流水系的自然功能和社会经济服务功能均衡发挥的情况下，水系具有持续的流动性、健康的水质和良好的生态系统。

健康水循环反映的是人类对于区域水系结构及功能发挥的认可程度，因此，区域健康水循环原则上应同时拥有理想的社会功能和自然功能。然而，在现阶段经济社会高度发展的情况下，期望水系结构和功能达到理想状态几乎是不可能的[4]。因此，区域健康水循环的量化指标也只能是一个与经济社会发展需求相妥协的目标，既要考虑维持流域水系自然功能的需要，也要考虑流域内人类生存和发展的需要。前者是保证人类可持续发展的前提;后者是维护健康水循环的实际意义所在。同时,由于经济社会在不断发展变化,人类对自然界的认识也在不断深化,人类对流域水系结构及功能的价值取向存在明显的时段变化特征。因此,流域健康水循环标准必然是动态的,在不同的时间和空间范围,实际折射出人类在相应背景下的价值取向[5]。

4.2.2 健康水循环评价指标集

依据健康水循环的内涵,健康水循环首先应保证水域生态功能和水体功能的正常化;然后需要充足的水资源量满足社会经济发展的需求;最后在健康水循环作用下,形成高效的水资源利用模式。因此,从水生态水平、水资源质量、水资源丰度和水资源利用四个方面建立区域健康水循环评价体系。区域健康水循环评价体系分为三个层次,分别是目标层、准则层和指标层,筛选 19 个具体指标归纳分类到水生态水平、水资源质量、水资源丰度和水资源利用四个准则中进行评价,运用自下而上的综合法筛选出具有代表性、科学性的具体指标,构建区域健康水循环评价指标体系如表 4.1 所示。

表 4.1 区域健康水循环评价指标体系 S

目标层	准则层	指标层
区域健康水循环	水生态水平 S_1	① 生态需水保证率
		② 建成区绿化覆盖率
		③ 平原地下水埋深变化量
		④ 地下水开采率
	水资源质量 S_2	⑤ 水质达标河长率
		⑥ 水功能区达标率
		⑦ 管网水质合格率
		⑧ 饮用水源达标率
	水资源丰度 S_3	⑨ 人均水资源量
		⑩ 水资源利用率
		⑪ 亩均灌溉用水量
		⑫ 地下水占供水比例
	水资源利用 S_4	⑬ 集中供水率
		⑭ 供水管网漏损率
		⑮ 生活用水耗水率
		⑯ 农业灌溉用水定额
		⑰ 万元工业增加值取水量
		⑱ 污水排放系数
		⑲ 工业废污水排入环境比率

具体指标释义如下。

1. 水生态水平

(1) 生态需水保证率:反映生态需水的保证程度

$$E_{co}=\frac{R_{ep}}{D_e} \tag{4.1}$$

式中,R_{ep}为生态补水量;D_e 为生态需水量。

(2) 建成区绿地覆盖率:反映区域绿化水平

$$C_{ov}=\frac{G_a}{T_a} \tag{4.2}$$

式中,G_a 为绿化面积;T_a 为总面积。

(3) 平原地下水埋深变化量:反映区域地下水开采现状及动态变化趋势

$$\Delta D_{ep}=D_{i+1}-D_i \tag{4.3}$$

式中,D_{i+1}为第 $i+1$ 年地下水埋深;D_i 为第 i 年地下水埋深。

(4) 地下水开采率:反映区域地下水开采现状及动态变化趋势

$$E_{xp}=\frac{E_x}{C_{ex}} \tag{4.4}$$

式中,E_x 为地下水开采量;C_{ex}为可利用地下水总量。

2. 水资源质量

(1) 水质达标河长率:反映自然河道的水质状况

$$Q_{ua}=\frac{S_{td}}{S} \tag{4.5}$$

式中,S_{td}为标准河长(三类以上);S 为有水河长。

(2) 水功能区达标率:反映水功能区的水质达标状况

$$F_{un}=\frac{n_{um}}{N_{um}} \tag{4.6}$$

式中,n_{um}为达标个数;N_{um}为水功能区总个数。

(3) 管网水质合格率:从供水方面的水质状况反映人类饮用水安全程度

$$P_{ip}=\frac{t}{T} \tag{4.7}$$

式中,t 为合格时间;T 为总时间。

(4) 饮用水源达标率:从水源方面的水质状况反映人类饮用水安全程度

$$D_{ri}=\frac{S_{ta}}{d_{ri}} \tag{4.8}$$

式中，S_{ta}为达标个数；d_{ri}为水源地总数。

3. 水资源丰度

（1）人均水资源量：反映水资源承载力（人口）

$$P_{er}=\frac{T_{ol}}{P_{ou}} \tag{4.9}$$

式中，T_{ol}为水资源总量；P_{ou}为人口数量。

（2）水资源利用率：反映水资源开发利用程度

$$U_{ti}=\frac{S_{ur}+G_{rd}}{T_{ol}} \tag{4.10}$$

式中，S_{ur}为地表水利用量；G_{rd}为地下水利用量。

（3）亩均灌溉用水量：反映水资源承载力（灌溉）

$$A_{cre}=\frac{T_{ol}}{A_{rea}} \tag{4.11}$$

式中，A_{rea}为灌溉面积。

（4）地下水占供水比例：反映供水对地下水的依赖度

$$S_{up}=\frac{G_{rd}}{T_{sup}} \tag{4.12}$$

式中，T_{sup}为总供水量。

4. 水资源利用

（1）集中供水率：从供水效率方面表现水务系统的运行状态

$$C_{en}=\frac{C}{T_{sup}} \tag{4.13}$$

式中，C为集中供水量。

（2）供水管网漏损率：从输水效率方面表现水务系统的运行状态

$$L_{ea}=\frac{U}{C} \tag{4.14}$$

式中，U为漏损量。

（3）生活用水耗水率：从生活层面反映区域水资源的利用效率

$$C_{ons}=\frac{W}{L} \tag{4.15}$$

式中，W为耗水量；L为生活用水量。

（4）农业灌溉用水定额：从农业层面反映区域水资源的利用效率

$$Q_{uo}=\frac{A_{gi}}{A_{rea}} \tag{4.16}$$

式中，A_{gi}为农业用水量。

（5）万元工业增加值取水量：从工业层面反映区域水资源利用效率

$$I_{\mathrm{avw}}=\frac{I_{\mathrm{wc}}}{I_{\mathrm{av}}} \tag{4.17}$$

式中，I_{wc}为工业用水量；I_{av}为工业增加值。

（6）污水排放系数：反映污水排放状态

$$S_{\mathrm{ctr}}=\frac{S_{\mathrm{tc}}}{W} \tag{4.18}$$

式中，S_{tc}为污水处理量；W 为用水总量。

（7）工业废污水排入环境比率：反映废污水处理状态

$$S_{\mathrm{de}}=\frac{E_{\mathrm{ni}}}{I_{\mathrm{wa}}} \tag{4.19}$$

式中，E_{ni}为排入环境废污水量；I_{wa}为废污水总量。

4.2.3　健康水循环评价方法

健康水循环评价需解决三方面的问题：反映健康水循环评价体系的具体指标、指标权重和评估模型的确定。权重反映了决策时每一指标的相对重要性。有一系列基于健康水循环体系的评估方法，如层次分析法、熵权法、可变模糊决策等。

1. *层次分析法*

评估指标具有明显的层次性，可以将评估指标体系分为三层：目标层——洪水资源利用综合效益，准则层——直接经济效益、生态环境效益和经济社会效益；指标层——准则层各类细化效益下的具体定量和定性指标。层次分析法体现二元比较的互反性决策思维[6]。在层次分析法中，需要逐层计算相关因素间的相对重要性，并通过量化，构成判断矩阵，作为进一步分析的基础。当上层一个因素与下层的多个因素相互联系时，通常难以确定各因素间的相对重要性，这时可先进行因素间的两两比较，其中常用的标度方法为 Saaty 提出的 9 级标度法，如表 4.2 所示。全部比较结果构成指标的判断矩阵，通过一致性检验后，推算判断矩阵的最大特征值和最大特征向量，将最大特征向量归一化即为指标的权重，然后综合评价。

表 4.2　Saaty 标度法

标度 a_{ij}	定义	标度 a_{ij}	定义
1	因素 B_i 与 B_j 同样重要	9	因素 B_i 与 B_j 极端重要
3	因素 B_i 与 B_j 略重要	2,4,6,8	相邻两个标度之间的中间状态
5	因素 B_i 与 B_j 较重要		
7	因素 B_i 与 B_j 非常重要	1～9 的倒数	因素 B_j 与 B_i 极端重要

层次分析法的特点是在对复杂问题的本质、影响因素及其内在关系等进行深入分析的基础上，利用较少的定量信息使决策思维过程数学化，从而为多目标、多准则或无结构特性的复杂决策问题提供简便的评估（决策）方法，尤其适用于对评估（决策）结果难以直接准确计量的场合。

2. 熵权法

在信息论中，熵值反映了信息无序化程度，值越小，系统越有序，可用信息熵评价所获系统信息的有序度及其效用，即由评价指标值构成的判断矩阵来确定指标权重[7]。

根据熵的定义，对于 m 个指标的 n 个方案，确定评价指标的熵为

$$H_i = -\frac{1}{\ln n}\left[\sum_{j=1}^{n}(f_{ij}\ln f_{ij})\right],\quad i=1,2,\cdots,m;j=1,2,\cdots,n \tag{4.20}$$

式中

$$f_{ij} = \frac{1+r_{ij}}{\sum_{j=1}^{n}(1+r_{ij})} \tag{4.21}$$

式中，r_{ij} 为指标 i 在方案 j 下的指标值。

计算评价指标熵权向量

$$w_i = \frac{1-H_i}{m-\sum_{i=1}^{m}H_i} \tag{4.22}$$

且满足 $\sum_{i=1}^{m}w_i = 1$。

熵权法以数据为基础，一定程度上避免了人为主观因素形成的偏差，能尽量消除各项指标权重确定的人为干扰。

3. 可变模糊决策

可变模糊决策模型通过模型中指标权重、指标标准值等重要模型参数的变化及对多个模型的求解，提高了优选决策的可信度和可靠性。模糊优选模型只是其中的一个决策模型。

可变模糊决策模型为

$$u_j = \frac{1}{1+\left(\frac{d_{jg}}{d_{jb}}\right)^{\alpha}} \tag{4.23}$$

式中

$$d_{jg} = \left\{\sum_{i=1}^{m}[w_i(1-r_{ij})]^p\right\}^{\frac{1}{p}},\quad d_{jb} = \left[\sum_{i=1}^{m}(w_i r_{ij})^p\right]^{\frac{1}{p}}$$

式中，u_j 为决策集（$j=1,2,\cdots,n$；n 为决策数）综合相对优属度；d_{jg} 为决策 j 对优的

距离；d_{jb} 为决策 j 对劣的距离；α 为优化准则，$\alpha=1$ 为最小一乘方准则，$\alpha=2$ 为最小二乘方准则；p 为距离，$p=1$ 为海明距离，$p=2$ 为欧氏距离。

通常情况下，α 和 p 可有以下四种搭配：

$$\alpha=1,p=1;\quad \alpha=1,p=2;\quad \alpha=2,p=1;\quad \alpha=2,p=2$$

(1) $\alpha=1,p=1$，有

$$u_j=\sum_{i=1}^{m}(w_i r_{ij}) \tag{4.24}$$

式(4.24)为模糊综合评判模型，是一个线性模型。

(2) $\alpha=1,p=2$，有

$$u_j=\frac{d_{jb}}{d_{jb}+d_{jg}} \tag{4.25}$$

在 d_{jg} 和 d_{jb} 表达式中，取 $p=2$，即欧氏距离，式(4.25)为理想点模型。

(3) $\alpha=2,p=1$，有

$$u_j=\frac{1}{1+\left(\dfrac{1-d_{jb}}{d_{jb}}\right)}=\frac{1}{1+\left[1-\dfrac{1}{\sum\limits_{i=1}^{m}(w_i r_{ij})}\right]^2} \tag{4.26}$$

式(4.26)为 Sigmoid 型函数，即 S 型函数，可用于描述神经网络系统中神经元的非线性特性或激励函数。

(4) $\alpha=2,p=2$，有

$$u_j=\frac{1}{1+\left(\dfrac{d_{jg}}{d_{jb}}\right)^2}=\frac{1}{1+\dfrac{\sum\limits_{i=1}^{m}[w_i(1-r_{ij})]^2}{\sum\limits_{i=1}^{m}(w_i r_{ij})^2}} \tag{4.27}$$

式(4.27)为模糊优选模型。

以上为两级可变模糊模型，它只是涉及优、劣两个极端，通过分析发现，此模型的评价结果较为粗劣，同一方案不同模型指标的相对优的隶属度之间差异较大，并且水资源利用是一个连续动态、逐步发展的过程，不仅要对其效益评价优劣，还需要对利用方案进行等级评价[8]。因此，在分析两级可变模糊模型的基础上，进一步分析可变模糊模式识别模型[9]：

$$u_j=\begin{cases}0, & h<a_j \text{ 或 } h>b_j \\ \sum\limits_{k=a_j}^{b_j}\left\{\dfrac{\sum\limits_{i=1}^{m}[w_{ij}(r_{ij}-s_{ih})]^p}{\sum\limits_{i=1}^{m}[w_{ij}(r_{ij}-s_{ik})]^p}\right\}^{\frac{\alpha}{p}}, & a_j\leqslant h\leqslant b_j;d_{hj}\neq 0 \\ 1, & d_{hj}=0\end{cases} \tag{4.28}$$

式中,h 为级别;a_j 为决策 j 的级别下限值;b_j 为决策 j 的级别上限值;s_{ih} 为级别 h 指标 i 标准特征值的相对隶属度;d_{hj} 为决策 j 与级别 h 之间差异的广义权距离。

通常情况下,α 和 p 有以下四种搭配,从而构成四个计算模型,其中,u_{hj} 为决策集($j=1,2,\cdots,n$;n 为决策数)综合相对优属度:

$$\alpha=1,p=1;\quad \alpha=1,p=2;\quad \alpha=2,p=1;\quad \alpha=2,p=2$$

(1) $\alpha=1,p=1$,有

$$\begin{cases} u_{hj}=(d_{hj}z_j)^{-1} \\ d_{hj}=\sum_{i=1}^{m}[w_{ij}(r_{ij}-s_{ih})] \\ z_j=\sum_{h=a_j}^{b_j}d_{hj}^{-1} \end{cases} \tag{4.29}$$

(2) $\alpha=1,p=2$,有

$$\begin{cases} u_{hj}=(d_{hj}z_j)^{-1} \\ d_{hj}=\left\{\sum_{i=1}^{m}[w_{ij}(r_{ij}-s_{ih})]^2\right\}^{\frac{1}{2}} \\ z_j=\sum_{h=a_j}^{b_j}d_{hj}^{-1} \end{cases} \tag{4.30}$$

(3) $\alpha=2,p=1$,有

$$\begin{cases} u_{hj}=(d_{hj}z_j)^{-1} \\ d_{hj}=\left\{\sum_{i=1}^{m}[w_{ij}(r_{ij}-s_{ih})]\right\}^{2} \\ z_j=\sum_{h=a_j}^{b_j}d_{hj}^{-1} \end{cases} \tag{4.31}$$

(4) $\alpha=2,p=2$,有

$$\begin{cases} u_{hj}=(d_{hj}z_j)^{-1} \\ d_{hj}=\sum_{i=1}^{m}[w_{ij}(r_{ij}-s_{ih})]^2 \\ z_j=\sum_{h=a_j}^{b_j}d_{hj}^{-1} \end{cases} \tag{4.32}$$

模型中,指标权重确定的语气算子与相对隶属度关系如表 4.3 所示。

表 4.3 语气算子与相对隶属度关系

语气算子	同样	稍稍	略为	较为	明显	显著
定量标度	0.50	0.55	0.60	0.65	0.70	0.75
相对隶属度	1.0	0.818	0.667	0.538	0.429	0.333

续表

语气算子	十分	非常	极其	极端	无可比拟
定量标度	0.80	0.85	0.90	0.95	1.0
相对隶属度	0.250	0.176	0.111	0.053	0

4.3　河南省健康水循环评价

我国是一个人均水资源贫乏的国家，且水资源分布与土地资源和生产力布局不相匹配，总体上水资源分布南非北欠、东多西少。根据各地区人均水资源量统计，我国有 16 个省（自治区、直辖市）属于重度缺水地区，宁夏，河北、山东、河南、山西、江苏共 6 个省（自治区）为极度缺水地区。

河南省地处南暖温带和北亚热带地区，气候具有明显的过渡性特征，十春九旱或连年干旱常有发生。该省多年平均水资源量为 403.53 亿 m^3，人均水资源量约为 376m^3，不足全国平均水平的 1/5，属我国北方地区严重缺水省份。相对于全国平均水平，河南省水资源量不足的问题更为严峻。河南省国民经济的快速发展、城市化进程的加快、人口的不断增长，水资源严重短缺、水环境污染日趋加剧，不仅影响人们的生活质量，也成为制约河南省经济社会可持续发展的重要因素之一。

4.3.1　河南省水资源概况

1. 水资源禀赋

1）河流水系

河南省位于我国中东部，介于北纬 31°23′～36°22′、东经 110°21′～116°39′，南北跨 530km，东西横亘 580km，总面积 16.7 万 km^2，占全国面积的 1.73%。河南省处于暖温带和亚热带气候交错的边缘地区，分属长江、淮河、黄河、海河四大流域。全省河流众多，全省流域面积 100km^2 及以上河流 560 条，流域面积 1000km^2 及以上河流 64 条，流域面积 10000km^2 及以上河流 11 条。由于地形影响，大部分河流发源于西部、西北部和东南部山区，顺地势向东、东北、东南或向南汇流，形成扇形水系。河流基本分为四种类型：穿越省境的过境河流；发源地在省内的出境河流；发源地在外省流入省内的入境河流；发源地和汇流河道均在省内的境内河流[10]。

长江流域的汉江水系在河南省的主要河流有唐河、白河和丹江。流域面积为 27609km^2，占全省土地面积的 16.5%。唐河和白河发源于伏牛山南麓，自北向南汇入汉江。丹江穿越河南省浙川县西部，为过境河流。

淮河是河南省的主要河流，省内流域面积为 86248km^2，占全省土地面积的51.6%。淮河发源于桐柏山北麓，呈西南、东北流向，支流源短流急，北岸支流有洪汝河、沙颍河、涡惠河、包浍河、沱河及南四湖水系的黄蔡河和黄河故道等。洪汝河、沙颍河发源于伏牛山、外方山东麓，为西北、东南走向，上游为山区，水流湍急，中下游为平原坡水区，河道平缓；其余河道均属平原河道[11]。

黄河是河南省过境河流，横贯中北部，省内流域面积为 36164km^2，占全省土地面积的 21.7%。北岸支流有蟒河、丹河、沁河、金堤河、天然文岩渠等。南岸支流有宏农涧河、青龙涧河、伊洛河等，分别发源于秦岭山脉的华山和伏牛山，呈西南、东北流向。黄河干流在孟津以西两岸夹山，水流湍急，孟津以东进入平原，水流减缓，泥沙大量淤积，河床逐年升高，高出两岸地面 4～8m，形成“地上悬河”。

海河流域在河南省的主要河流有漳河、卫河、马颊河和徒骇河，流域面积为15336km^2，占全省土地面积的 9.2%。漳河流经林县北部，是河南省与河北省的界河。卫河及其支流峪河、沧河、淇河、安阳河发源于太行山东麓，上游山势陡峻，水流湍急，下游为平原，水流缓慢。马颊河和徒骇河属于平原河道。

2）水资源量

河南省第一次水资源评价时，得出 1956～1979 年平均地表水资源量为 312.84 亿 m^3/年，地下水资源量为 204.68 亿 m^3/年，扣除重复计算量 103.81 亿 m^3/年，总资源量为 413.71 亿 m^3/年，居全国第 19 位，人均和亩均水量约在 400m^3，只相当于全国平均水平的 1/5 和 1/6，不足世界平均水平的 1/25，远远低于世界公认的人均 1000m^3/年缺水警戒线，属于重度缺水省份。而且水资源存在严重的时空分布不均问题，地表径流年际年内变化大，丰水年（1964 年）径流量为 718.2 亿 m^3 是枯水年（1978 年）径流量（99.4 亿 m^3）的 7.2 倍，年内汛期最大四个月的径流量占全年的 60%～80%，春季（3～5 月）径流量只占全年 15%～20%，而灌溉需水量占全年的 35%～45%。在地区分布上，豫南三市（驻马店、信阳和南阳）集中了全省水资源量的 50%以上，而人口和国内生产总值占全省的比例还不到 30%，耕地也只占 32.2%；豫东（郑州、开封、商丘、许昌、漯河和周口）人口、耕地和国内生产总值占全省近 40%，水资源量却只占全省的 20.8%，相当大地区的人均、耕地亩均水量不足全省平均值的一半。这种来水和用水的时间、空间不一致，给全省水资源利用造成很大困难。有些地区水资源得不到充分利用，而另一些地区严重缺水。

河南省水资源量总体呈纬向分布，由北向南逐渐增大，其中，许昌（34°N）以南雨水资源较为丰富。近十几年来，由于降水偏少，且受人类活动影响，水资源量有所减少[12]。根据 1999～2012 年《河南省水资源公报》可知，近 1999～2012 年年均降水量为 771.8mm，平均地表水资源量为 287 亿 m^3，地下水资源量为 197 亿 m^3，水资源总量为 406 亿 m^3，分别为 1956～1979 年平均地表水资源量、地下水资源量和水资源总量的91.7%、96.2%和98.1%，地表水资源量减少得最多。从水资源区域分布来看，水资源紧缺而且开发利用程度又特别高的地区，如豫北（黄河以北六市）、豫东地区，地表水量减少情况更为严重。

2. 水资源开发

河南省开发利用的水有当地产出的地表水、地下水和过境水。河南省广大平原地区水资源相对丰富，因此在总供水量中地下水占较大比重。从2003～2013年河南省供水情况（表4.4）可以看出，11年地表水平均供水量为88.630亿m^3，地下水平均供水量为130.549亿m^3，分别占供水总量的40.26%和59.52%，剩下的0.22%由雨水、污水回用补充。2003～2013年，地表水和地下水供水量均有所增加，但占比相对稳定。大部分地区的用水需要对天然来水过程进行调蓄后才能满足要求。但是受多种因素的影响，目前蓄水过程对天然径流的调蓄能力还较低，部分地区的供水结构也不尽合理，供水保障程度偏低。

表4.4　2003～2013年河南省供水情况

年份	供水量/亿m^3		占总量比/%	
	地表水	地下水	地表水	地下水
2003	73.906	113.651	39.39	60.58
2004	81.352	119.303	40.53	59.44
2005	72.256	125.479	36.53	63.44
2006	90.138	136.449	39.71	60.12
2007	83.436	125.461	39.87	59.95
2008	92.670	134.401	40.73	59.07
2009	94.195	138.862	40.30	59.42
2010	88.604	135.136	39.45	60.17
2011	96.861	131.296	42.29	57.32
2012	100.469	137.22	42.11	57.51
2013	101.048	138.781	42.00	57.69
平均	88.630	130.549	40.26	59.52

注：数据源自《河南省水资源公报》。

如表4.5所示，省辖海河流域、黄河流域、淮河流域、长江流域地表水供水量平均每年占供水总量的15.04%、27.24%、44.78%和12.95%；省辖海河流域、黄河流域、淮河流域、长江流域地下水供水量平均每年占供水总量的19.35%、19.79%、52.26%和8.60%。由此可见，按照省辖流域供水重要性进行排序，依次为淮河流域、黄河流域、海河流域和长江流域。

表 4.5 2003～2013 年省辖不同流域供水情况

年份	地表水/亿 m³				地下水/亿 m³			
	海河	黄河	淮河	长江	海河	黄河	淮河	长江
2003	10.132	18.199	34.314	11.261	26.718	29.080	50.424	7.429
2004	13.346	17.618	37.842	12.546	24.020	29.181	56.684	9.418
2005	11.868	18.278	31.977	10.133	26.011	29.337	60.714	9.417
2006	15.316	23.512	37.479	13.831	26.662	29.736	69.680	10.371
2007	15.590	22.268	32.232	13.346	26.176	26.678	64.031	9.576
2008	13.969	24.603	41.675	12.422	25.693	24.263	73.596	10.850
2009	13.249	26.403	42.038	12.505	26.356	24.099	76.339	12.068
2010	12.142	27.430	38.501	10.532	24.401	22.864	75.954	11.917
2011	12.796	28.009	45.901	10.155	22.661	21.831	74.551	12.253
2012	13.352	28.597	49.026	9.493	23.967	23.281	77.083	12.889
2013	14.830	30.642	45.558	10.018	26.115	24.780	73.940	13.945
年均	13.326	24.142	39.686	11.477	25.344	25.921	68.454	11.270
占比/%	15.04	27.24	44.78	12.95	19.35	19.79	52.26	8.60

注：数据源自《河南省水资源公报》《河南省水资源与社会经济发展交互问题研究》。

由于区域水资源条件和自然条件的差异，不同区域供水的水源情况有区别。总体是豫南（驻马店、信阳、南阳）主要以地表水供水为主，而豫北（黄河以北六市）、豫东（郑州、开封、商丘、许昌、漯河、周口）和豫西（三门峡、洛阳、平顶山）平原则以地下水供水为主。其中，豫东地区地下水供水占绝对主导地位[12]，这种不合理的开发利用会对水环境造成诸多问题，如浅层地下水短缺、浅层地下水体污染、地下水超采潜伏地质灾害隐患等。

3. 水资源利用

河南属于干旱、半干旱地区，水资源贫乏，全省多年平均水资源总量为 403.5 亿 m³，其中地表水资源多年均值为 304.0 亿 m³，地下水资源多年均值为 195.9 亿 m³（扣除地表水和地下水重复量 96.4 亿 m³）。2013 年人均水资源量低至 228.7m³/人，仅为全国人均水资源量的 1/10（据统计，2013 年全国人均水资源量为 2059.7m³/人）。受气候和地理环境限制，河南省水资源禀赋已定，但是用水量却是逐年递增，2003～2013 年用水情况如表 4.6 所示。

表 4.6 2003～2013 年河南省用水构成

年份	用水总量/亿 m³	农业		工业		生活		生态	
		用水量/亿 m³	比重/%	用水量/亿 m³	比重/%	用水量/亿 m³	比重/%	用水量/亿 m³	比重/%
2003	187.62	113.35	60.42	39.94	21.29	31.97	17.04	2.35	1.25
2004	200.70	124.54	62.05	40.16	20.01	32.37	16.13	3.62	1.80
2005	197.78	114.49	57.89	45.86	23.19	33.61	17.00	3.81	1.93

续表

年份	用水总量/亿 m³	农业		工业		生活		生态	
		用水量/亿 m³	比重/%	用水量/亿 m³	比重/%	用水量/亿 m³	比重/%	用水量/亿 m³	比重/%
2006	226.98	140.15	61.75	48.32	21.29	34.57	15.23	3.94	1.74
2007	209.28	120.07	57.37	51.30	24.51	32.74	15.64	5.17	2.47
2008	227.53	133.49	58.67	51.40	22.59	34.84	15.31	7.80	3.43
2009	233.71	138.10	59.09	53.51	22.90	35.79	15.31	6.32	2.70
2010	224.61	125.59	55.91	55.57	24.74	36.11	16.08	7.34	3.27
2011	229.04	130.64	57.04	56.81	24.80	31.31	13.67	10.28	4.49
2012	238.61	135.45	56.77	60.51	25.36	32.02	13.42	10.62	4.45
2013	240.57	141.65	58.88	59.45	24.71	33.40	13.88	6.06	2.52

注：数据源自《河南省水资源公报》。

2003～2013年，除生活用水变化平稳之外，用水总量、农业用水量、工业用水量和生态用水量均有不同程度的增长，增幅分别为28.2%、25.0%、48.8%和157.9%，生态用水量增加显著，说明河南省用水结构内部做出相应调整，对生态环境建设的用水投入越来越大。从用水结构来看，农业用水比重明显高于工业用水、生活用水和生态用水，2003～2013年，农业用水量占用水总量的55.91%～62.05%。尽管农业用水比重略有降低，但始终高于55%。以2013年为例，农业用水占用水总量的58.88%，但是农业生产总值仅为国民生产总值的12.6%，并且农业对生产总值的贡献率仅为5.9%。一方面反映出与农业高耗水、低产出的用水特性有关；另一方面也反映出河南省农业水资源利用方式落后、水资源利用效率偏低的问题，因此改善农业用水条件、提升农业用水效率、加强农业科技的空间较大。

4. 水资源短缺评价

水资源短缺分为资源型缺水、工程型缺水和水质型缺水，选取供水总量、水资源利用率、人均用水量和污染物排放四个指标评价河南省水资源短缺情况。以2011年为例，根据《河南省水资源公报》，该年度全省平均降水量为736.2mm，与多年均值相比降低4.6%，整体为丰水年偏枯。全省18个城市的水资源利用情况如表4.7所示。

表4.7　河南省水资源利用情况

城市	供水总量/亿 m³	水资源利用率/%	人均用水量/m³	污水排放率/%
郑州	20.475	43.97	240	33.55
洛阳	14.482	56.47	211	46.33
开封	14.146	39.64	293	16.96
平顶山	10.303	55.82	198	42.99

续表

城市	供水总量/亿 m^3	水资源利用率/%	人均用水量/m^3	污水排放率/%
安阳	12.529	31.96	225	19.95
新乡	17.047	40.42	278	22.29
鹤壁	4.102	30.88	259	19.50
焦作	12.484	44.56	354	29.63
濮阳	16.560	40.35	431	21.13
漯河	4.343	53.87	170	59.86
许昌	7.882	49.88	190	43.13
三门峡	4.575	53.83	200	37.15
南阳	22.621	47.40	225	15.91
信阳	17.953	55.89	298	18.38
商丘	14.707	28.65	200	18.35
驻马店	13.595	31.81	197	13.24
周口	19.245	36.26	219	16.62
济源	2.047	33.17	299	39.08
全省	229.039	43.05	237	23.76

注：数据源自《河南省水资源公报》。

由表 4.7 可知，供水总量大于 10 亿 m^3 的城市有 13 个，其中有 6 个城市超过 15 亿 m^3，其余不超过 10 亿 m^3；同样，人均用水量大于 $300m^3$ 的城市有焦作和濮阳，许昌、漯河、平顶山、驻马店均小于 $200m^3$；水资源利用率和污染物排放也可以相应地分为三个层次[13]。因此，根据河南省实际情况建立的水资源短缺评价标准如表 4.8 所示。

表 4.8 河南省水资源短缺评价标准

评价指标	资源型	工程型	水质型
供水总量/亿 m^3	≤10	≥15	10～15
水资源利用率/%	≥45	≤35	35～45
人均用水量/m^3	≤200	200～300	≥300
污水排放率/%	≤20	20～30	≥30

利用聚类分析对河南省 18 个城市的水资源短缺状况进行评价，结果如下：郑州、开封、洛阳、新乡、焦作、濮阳属于水质型缺水；许昌、漯河、平顶山、三门峡、南阳、信阳属于资源型缺水；安阳、鹤壁、商丘、周口、驻马店、济源属于工程型缺水。针对不同缺水类型，各城市应因地制宜采取不同措施改善区域用水情况。如资源型缺水地区，重点要做好节水，并加以调整产业结构；工程型缺水地区，要加强水利基本设施和配套工程的建设，以此改善水资源调控能力。

4.3.2　河南省健康水循环评价指标体系

作为人类生存和发展的外部环境，区域为人类提供生存条件和发展空间，区域的状态受到人类活动的巨大影响，反过来也影响着人类的生存和发展。近年来，由于现代科学技术的飞速发展，经济发展成为人类社会的主题和首要目标，这使得人类对区域自然资源需求增加。城市化进程中伴随着区域的水资源短缺，污染严重、旱涝频繁、水生态退化等现象，每年不同的区域都会以不同的方式经历和承受着不同程度的水危机。人类社会用水健康、健康水循环等概念相继提出。这些概念的实质反映的是人类对于区域系统结构是否完好、功能是否正常发挥的认可程度。

鉴于河南省实际情况，考虑指标值的易获取性，构建包括 4 个准则(水生态水平、水资源质量、水资源丰度和水资源利用)、14 个指标的河南省健康水循环评价指标体系，如表 4.9 所示。

表 4.9　河南省健康水循环评价指标体系

目标层	准则层	指标层	年份						
			2007	2008	2009	2010	2011	2012	2013
河南省健康水循环	水生态水平	① 建成区绿化覆盖率/%	57.08	61.53	65.01	68.96	71.81	76.67	80.60
		② 平原地下水埋深变化量/m	−0.11	−0.15	−0.03	0.07	−0.18	−0.63	−0.89
		③ 地下水开采率/%	69.3	73.8	83.6	76.1	71.7	72.9	74
	水资源质量	④ 水质达标河长率/%	43.8	47.1	55.6	65.2	65.9	64.7	65.8
		⑤ 水功能区达标率/%	61.5	22.7	27.3	30.3	20.6	22.3	43.8
	水资源丰度	⑥ 人均水资源量/(m^3/人)	471.38	374.37	329.89	512.49	312.65	251.83	203.00
		⑦ 水资源利用率/%	22.9	26.6	30.8	19.8	33.6	41.6	43
		⑧ 亩均灌溉用水量/(m^3/亩)	167	172	177	168	164	167	195
		⑨ 地下水占供水比例/%	59.07	59.40	60.20	57.30	57.50	57.69	59.07
	水资源利用	⑩ 生活用水耗水率/%	66.15	64.49	65.85	64.81	64.36	62.69	57.83
		⑪ 农业灌溉用水定额/(m^3/亩)	161.52	178.37	182.92	164.79	169.10	173.47	189.78
		⑫ 万元工业增加值取水量/(m^3/万元)	68.00	54.00	52.00	46.00	39.00	39.00	32.50
		⑬ 污水排放系数	0.65	0.61	0.62	0.62	0.63	0.64	0.66
		⑭ 工业废污水排入环境比率/%	76.00	74.40	74.00	74.00	74.60	73.90	72.10

4.3.3　河南省健康水循环评价阈值

区域不同、生态演替的阶段不同，以及人们的社会期望不同，评价阈值具有差异性。因此,在通过查阅文献与专家咨询、借鉴国家标准或相关研究成果等方式确定健康等级的基础上,考量河南省具体情况,确定河南省健康水循环评价阈值,如表 4.10 所示。

表 4.10　河南省健康水循环评价阈值

准则层	指标层	非常健康	健康	亚健康	病态	严重病态	备注
		5	(5,4]	(4,3]	(3,2]	(2,1]	
水生态水平	① 建成区绿化覆盖率/%	[100,50]	(50, 40]	(40, 30]	(30, 20]	<20	下限值 0
	② 平原地下水埋深变化量/m	[−2.0,−1.5]	(−1.5,0]	(0,1.5]	(1.5,2]	(2,3]	上限值 3
	③ 地下水开采率/%	[10,50]	(50,70]	(70,80]	(80,90]	(90,100]	上限值 100
水资源质量	④ 水质达标河长率/%	[100,90]	(90,70]	(70,40]	(40,30]	(30,0]	下限值 0
	⑤ 水功能区达标率/%	[100,90]	(90,60]	(60,40]	(40,20]	(20,0]	下限值 0
水资源丰度	⑥ 人均水资源量/(m^3/人)	[900,500]	[500,400)	[400,200)	[200,100)	≤100	下限值 0
	⑦ 水资源利用率/%	[10,30]	(30, 50]	(50, 70]	(70, 90]	(90,100]	上限值 100
	⑧ 亩均灌溉用水量/(m^3/亩)	[0,100]	(100,200]	(200,250]	(250,300]	≥300	上限值 400
	⑨ 地下水占供水比例/%	[10, 15]	(15, 25]	(25, 40]	(40, 60]	>60	上限值 100
水资源利用	⑩ 生活用水耗水率/%	[20, 40]	(40, 50]	(50, 60]	(60, 80]	>80	上限值 100
	⑪ 农业灌溉用水定额/(m^3/亩)	[100,300]	(300,500]	(500,800]	(800,1000]	>1000	上限值 1500
	⑫ 万元工业增加值取水量/(m^3/万元)	[10, 15]	(15, 25]	(25,45]	(45,60]	>60	上限值 100
	⑬ 污水排放系数	[0,0.2]	(0.2,0.4]	(0.4,0.6]	(0.6,0.8]	>0.8	上限值 1.0
	⑭ 工业废污水排入环境比率/%	0	(0,40]	(40,60]	(60,80]	>80	上限值 100

4.3.4　河南省健康水循环评价结果

1. 指标权重的确定

在区域健康水循环评价中,由于水循环系统具有多因素性、多层次性、多目标性,由可变模糊决策理论的二元对比法确定各指标的权向量。根据表 4.3 提出的确定权重重要性排序一致性定理,首先得到通过检验的指标重要性排序一致性标度矩阵,然后对指标做关于重要性程度的二元比较判断,并利用语气算子与相对隶属度之间的关系表,得到评价指标的权向量,如表 4.11 所示。

表 4.11　河南省健康水循环评价指标权重

目标层	准则层权重	指标层权重	指标层相对于目标层权重	重要性排序
区域健康水循环	水生态水平(0.330)	建成区绿化覆盖率(0.268)	0.089	5
		平原地下水埋深变化量(0.329)	0.109	4
		地下水开采率(0.402)	0.133	2
	水资源质量(0.271)	水质达标河长率(0.450)	0.122	3
		水功能区达标率(0.550)	0.149	1
	水资源丰度(0.178)	人均水资源量(0.271)	0.048	9
		水资源利用率(0.331)	0.059	7
		亩均灌溉用水量(0.221)	0.039	11
		地下水占供水比例(0.178)	0.032	13
	水资源利用(0.221)	生活用水耗水率(0.237)	0.052	8
		农业灌溉用水定额(0.193)	0.043	10
		万元工业增加值取水量(0.290)	0.064	6
		污水排放系数(0.124)	0.027	14
		工业废污水排入环境比率(0.156)	0.034	12

2. 评价结果

1）目标层评价结果

根据指标值和指标权重，结合评价阈值，由可变模糊决策模型得出 2007～2013 年河南省健康水循环评价值，分别为 3.325、2.272、2.352、2.315、3.298、3.287 和 3.340，如图 4.1 所示。

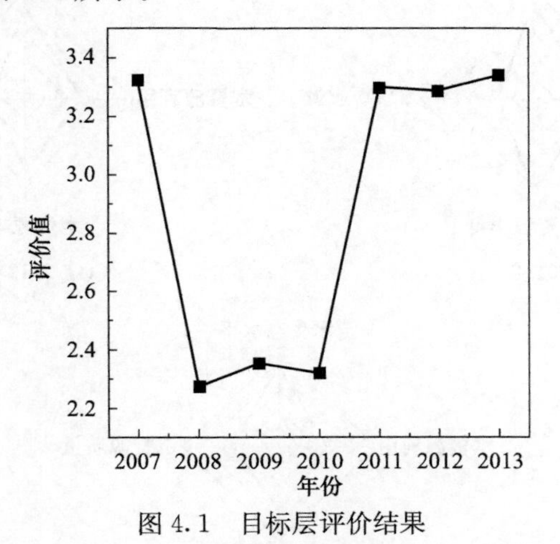

图 4.1　目标层评价结果

结果显示，2007～2013 年河南省健康水循环评价在病态与亚健康之间波动。2007 年评价为亚健康，2008～2010 三年评价为病态，2011 年后河南省水循环状况趋于好转，评价值增大，整体处于亚健康状态。

2）维度层评价结果

2007～2013 年各维度层评价结果如图 4.2 所示。

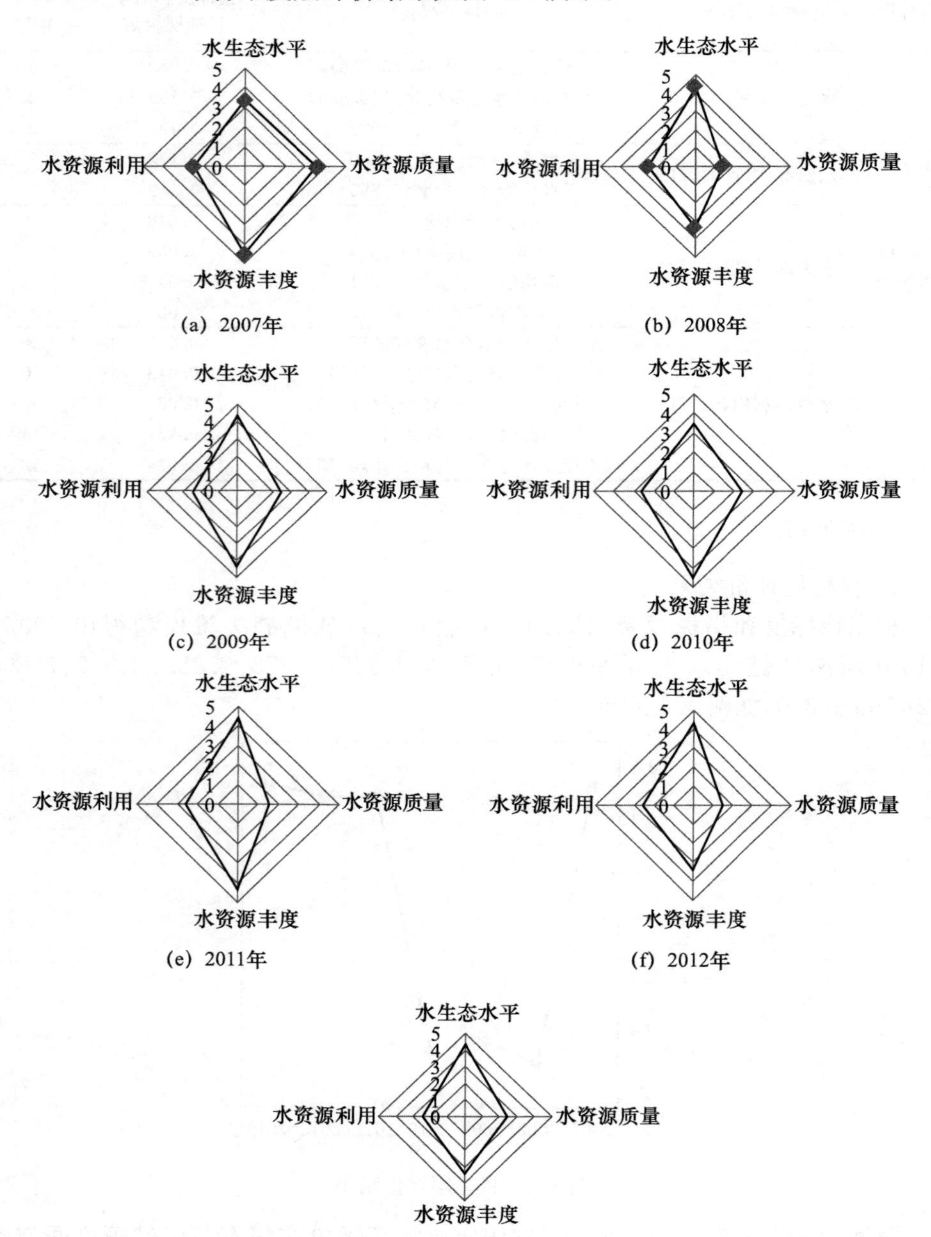

图 4.2 维度层评价结果

结果显示，研究期内：

(1) 河南省水生态水平维度除 2007 年和 2010 年处于亚健康状态外，其余年份均为健康。这表明，河南省建成区绿化覆盖、平原地下水埋深变化量和地下水开采率处于良性发展阶段。

(2) 水资源质量维度则长期处于严重病态和病态状态。水资源质量维度在区域健康水循环评价中所占权重偏大。因此，河南省水质监测和水功能区达标控制需进一步完善。

(3) 水资源丰度维度在研究期内处于亚健康和健康状态。说明河南省人均水资源量、水资源利用率、亩均灌溉用水量和地下水占供水比例得以良性发展和有效控制。

(4) 水资源利用维度长期处于病态状态。表明河南省农业、工业和生活水资源利用率整体偏低，需加强节水意识、多方面提高用水效率，改善水资源利用的病态状态。

4.4　实现健康社会水循环措施及建议

实现健康社会水循环符合循环经济理念，是建立循环型社会的基础。传统的用水模式是社会取水量等于社会用水量，而在健康社会水循环模式下，要做到社会取水量小于社会用水量。这是基于水的自然属性，是可以实现的。水是可以再生的资源，是可以重复利用的资源。通过水的循环使用，完全可以实现在增加社会用水量的情况下，减少社会取水量，减少水资源的开采量。

实现健康社会水循环应该包含两个含义：一是减少社会取水量，即减少进入水的社会循环的量；二是减少水的社会循环带入水的自然循环的污染物量。为实现健康社会水循环，建议采取以下措施。

1. 推行需水管理

传统的水资源管理模式是以需定供，即一个地区需要多少水，则供水部门就想办法通过开源的方法提供多少水。在这种模式下，用户的需水量增加时，首先考虑的就是向供水部门要水，而供水部门也愿意修建大量的取水工程来增加供水量，以提高自己的效益。但是，在一个地区或流域，从维护生态与环境的角度出发，可以进入水的社会循环的水量存在一个最大值。当社会取水量超过此值时，便会发生水环境的恶化。这个量应该是一个地区或流域的最大允许供水量，该地区的社会取水量不应超过此数值。在以需定供的模式下，一个地区或流域的社会取水量必然超过这个最大值，而水环境的恶化也就成为必然。为了改变这种局面，应采用以供定需的水资源管理模式，即推行需水管理，以此实现水的健康循环，恢复良好水环境。具体思路是一个地区或流域的社会取水量不能超过本地区或流域的最大允许供水量。在此前提下，当用户对水量的需求增加时，供水部门不再提供更多的水，不足部分通过用户端来解决。用户端的解决方式主要指用户通过用水策略的改变来满足其用水要求。这些策略包括工艺的变革、产业结构的调整、节水设施的采用和生活方式的改变等。

推行需水管理是解决水资源短缺，控制水污染，恢复良好水环境，最终实现健康社会水循环的根本手段。只有在实施需水管理后，其他如清洁生产、节水、雨水利用、污水回用等措施才有可能真正实现和普及。

2. *发展循序用水*

循序用水就是根据不同用水对象对水质的不同要求，先由对水质要求高的用水对象使用水，然后其排出的水不经处理，直接由对水质要求低的用水对象使用。循序用水遵循优质优用的原则，通过增加水的使用次数来减少新鲜水的使用量，相当于增加了水资源量。

在工业生产和生活中均可开展循序用水。如在工业生产中把轻污染水用作循环冷却水，把仅受热污染的水用作采暖用水等；在生活用水方面，把洗衣服的最后漂洗水用作淋浴水，淋浴废水用作厕所冲洗水，厕所排水用作绿地浇灌等都是典型的例子。循序用水不需要对水进行处理就能实现水的重复利用，是简单易行的办法。

3. *污水再生利用*

生产和生活产生的污水不能随意排放，否则有可能影响到水的自然循环。污水必须经过再生或者重新利用回到水的自然循环。污水的再生利用包括以下两方面。

1）污水回用

污水回用即把用过的水经过处理后再次用在农业、工业生产或生活中的一种用水模式。污水回用既可减少污水排放，又可增加水资源量。建议污水回用的实施遵循以下两点原则：①当水质还能满足一定的工农业生产或生活时，应通过循序用水的模式继续使用，不能随意排放成污水，在现有经济技术水平下，不再有任何用途的水才能排放，才能称为污水而考虑其回用；②着重考虑在对水质要求不高的方面应用再生水，如农业灌溉、绿化和城市河道的水体恢复等，这样可以简化处理流程，降低处理费用。

2）污水的最终妥善处理

在目前的经济技术水平下，所有的污水不可能全部回用，水的社会循环还不能实现密闭循环。事实上，从水的自然循环规律考虑，也没有必要实行密闭的水的社会循环。因此最终一部分污水会回到水的自然循环，这部分污水必须妥善处理，适当再生，才能维护健康的水的自然循环。污水的最终妥善处理是解决水资源短缺、控制水污染、恢复良好水环境、实现水的可持续利用的最后办法，属于末端方法，建议遵循以下原则：①当污水不适合回用时，才考虑其最终处理，即尽量减少污水的最终处置量；②合理确定污水的最终处理程度。水的自然循环所能接纳的污染物数量有一最大值，而水的社会循环总会把污染物带入水的自然循环。当所携带的污染物量超过此最大值时，水的自然循环便会遭到破坏，水污染和水环境恶化也就随之出现。因此，必须根据一个地区或流域的水的自然循环规律，确定其可接受的污染物数量，据此确定污水的最终处理程度。

4.5 小结

本章从水生态水平、水资源质量、水资源丰度和水资源利用四个维度构建河南省健康水循环评价体系，主要结论如下。

(1) 河南省水资源量总体呈纬向分布，由北向南逐渐增大，近十几年来，由于降水偏少，更主要是人类活动影响，水资源量有所减少。河南省开发利用的水有当地产出的地表水、地下水和入过境水，按照省辖流域供水重要性进行排序，依次为淮河流域、黄河流域、海河流域和长江流域。

(2) 2003～2013年，河南省除生活用水变化平稳之外，用水总量、农业用水量、工业用水量和生态用水量均有不同程度的增长，增幅分别为28.2%、25.0%、48.8%、157.9%。从用水结构来看，农业用水比重明显高于工业用水、生活用水和生态用水，2003～2013年，农业用水量占用水总量的55.91%～62.05%。尽管农业用水比重略有降低，但始终高于55%。河南省18个城市缺水类型不尽相同，如郑州、开封、洛阳等属于水质型缺水；许昌、漯河、平顶山等属于资源型缺水；安阳、鹤壁、商丘等属于工程型缺水。各城市应根据实际水资源禀赋调整用水结构和进行产业升级，以期改善缺水状态，提高水资源利用率。

(3) 2007～2013年河南省健康水循环评价在病态与亚健康之间波动。其中，水生态水平维度除2007年和2010年处于亚健康状态外，其余年份均为健康，水生态水平维度处于良性发展阶段；水资源质量维度处于严重病态和病态状态，水质监测和水功能区达标控制需进一步完善；水资源丰度维度在研究期内处于亚健康和健康状态，说明河南省人均水资源量、水资源利用率、亩均灌溉用水量和地下水供水占比得以良性发展和有效控制；水资源利用维度长期处于病态状态，表明河南省农业、工业和生活水资源利用率整体偏低，需加强节水意识，多方面提高用水效率，改善水资源利用的病态状态。

参考文献

[1] 周祖昊,王浩,贾仰文,等.基于二元水循环理论的用水评价方法探析.水文,2011,31(1):8-12,25.
[2] 张杰,李冬.水环境恢复与城市水系统健康循环研究.中国工程科学,2012,14(3):21-26,53.
[3] 倪晋仁,刘元元.河流健康诊断与生态修复.中国水利,2006,(13):4-10.
[4] 张士政.基于健康水循环的南四湖流域城镇体系规划.北京:中国矿业大学,2014.
[5] 陈家琦.现代水文学发展的新阶段——水资源水文学.自然资源学报,1986,1(2):46-53.
[6] 尚松浩.水资源系统分析方法及应用.北京:清华大学出版社,2006.
[7] 张先起,梁川.基于熵权的模糊物元模型在水质综合评价中的应用.水利学报,2005,36(9):1057-1061.
[8] 吕素冰,许士国,陈守煜.水资源效益综合评价的可变模糊决策理论及应用.大连理工大学学报,2011,51(2):269-273.
[9] 陈守煜.可变模糊集合理论与可变模型集.数学的实践与认识,2008,38(18):146-153.
[10] 河南省水资源编纂委员会.河南省水资源.郑州:黄河水利出版社,2007.
[11] 沈兴厚.河南省水资源保护规划.南京:河海大学,2005.
[12] 何慧爽.河南省水资源与社会经济发展交互问题研究.北京:中国水利水电出版社,2015.
[13] 葛莹莹."三条红线"约束下的区域水资源优化配置研究.邯郸:河北工程大学,2014.

第 5 章　城市水循环及城市化对水循环影响分析

5.1　城市水循环系统

城市是人们大量集中居住和活动的主要地域空间，是人们经济、政治和社会生活的中心，在现代化建设中起着主导作用，是人类文明的标志。伴随着城市化进程，城市人口膨胀，密度增大，产业集中，社会经济活动强度增大，这些都大规模改变了土地、大气、水体、生物、资源、能源的性质和分布，引起城市自然地理环境的变化，尤其是对人类生存与发展必不可少的水资源及城市水环境的影响越来越显著。随着城市社会经济的发展和人口的增多，水的需求量增大，废污水也相应增多。由于城区建筑物不断增加，道路及下水管网建设使下垫面不透水面积日益扩大，这直接改变了城市及其周边地区的雨洪径流形成条件，整体上对水的时空分布、水分循环及水的理化性质、水环境产生各种各样的影响。

5.1.1　城市水系统与城市水循环

1. 城市水系统的概念与基本框架

1）城市水系统的概念

城市水系统就是在一定地域空间内，以城市水资源为主体，以水资源的开发利用和保护为过程，并随时空变化的动态系统。城市水系统与社会、经济、政治因素密切相关。

城市水系统存在的基础是城市水资源。城市水资源是指城市可利用的、具有足够数量和可用的质量，并能满足城市某种用途的水资源。在现有社会经济和技术条件下能被有效利用，同时具备水量和水质要求的地表水、地下水、再生回用水、雨水和海水等，均可视为城市水资源。作为城市生产和生活的基础资源之一，城市水资源除了固有的本质属性和基本属性外，还具有环境属性、社会属性和经济属性。水的环境属性源于其本身就是环境的重要组成部分，它决定了水在自然环境中的特殊地位及水的质量和状态受环境影响的必然性。水的社会属性决定了水资源的功能，主要体现在水的开发利用上，而开发利用的行为方式又取决于社会对水的需求和认识水平；水的经济属性是水资源稀缺性的体现，它是由水的社会属性衍生出来的，社会的需求是水的经济价值的根源，水的功能和价值只有通过开发利用和保护这一社会活动才能得以实现。因此，水资源的功能和价值的实现过程实际上就是水资源的开发利用和保护过程。

2）城市水系统的基本构架

城市水系统由城市的取水、供水、用水和排水四大要素构成，集城市用水的取水、净化、输送，城市污水的收集、处理、综合利用，降水的汇集、处理、排放，以及城区防洪（防潮、防汛）、排涝为一体，是各种供水、排水设施的总称。城市供水、排水设施可分为供水和排水两个部分，也分别称为供水系统和排水系统。

具体而言，城市水系统主要包括以下供水、排水设施：

（1）水源取水设施，包括地表和地下取水设施、提升设备和输水关渠等。取水工程包括取水水源和取水地点，建造适宜的取水构筑物，主要任务是保证城市取得足够水量和质量良好的原水。

（2）供水处理设施，包括各种采用物理、化学、生物等方法的水质处理设备和构筑物。生活饮用水一般采用反应、絮凝、沉淀、过滤及消毒处理工艺和设施，工业用水一般有冷却、软化、淡化、除盐等工艺和设施。

（3）供水管网系统，包括输水管渠、配水管网、水量与水压调节设施（泵站、减压阀、清水池、水塔等），又称为输水和配水系统，简称输配水系统。输配水工程将足够的水量输送和分配到各用水地点，并保证水质及水压要求。

（4）排水管网系统，包括污水和废水收集与输送管渠、水量调节池、提升泵站及附属构筑物（如检查井、跌水井、水封井、雨水口等）。

（5）废水处理设施，包括各种采用物理、化学、生物等方法的水质净化设备和构筑物。由于废水的水质差异大，采用废水处理工艺各不相同。常用的物理处理工艺有格栅、沉淀、曝气、过滤等；常用的化学处理工艺有中和、氧化等；常用的生物处理工艺有活性污泥处理、生物滤池、氧化沟等。

（6）排放和重复利用设施，包括废水受纳体（如水体、土壤）和最终处置设施，如排放口、稀释扩散设施、隔离设施和废水回用设施等。

2. 城市水循环系统及其基本环节

城市水系统是水的自然循环和社会循环的耦合。城市的水循环系统包括自然水循环系统和社会水循环系统两部分，自然水循环系统是指由降水、蒸发、地表径流、下渗、地下水等构成的循环系统，社会水循环系统是指由城市取水、供水、用水、排水和处理系统组成的循环系统。水资源从城市水源地，经供水设施、供水管网进入城市用水户，经用户系统的耗用后进入排水管网，除一部分直接排入河道外，其余部分将进入废水处理设施进行净化，其后一部分被排入河道，另一部分被重新供给其他用途。水资源经取、给、供、用，再排到河道的过程，构成城市水循环过程。

一般意义上，城市水循环就是水在城市取、用（耗）、排环节及其相关水体之间相互转化的过程。由于人口和产业集聚、建筑物立体、不透水面积扩大、水系人工化，城市水循环是对自然水循环的强化，其循环过程发生了明显变化，即降水被闸、坝、堤防控制，排水系统被各种不透水管道代替，水分流动、污染和净化都被人工强化。这样，城市水循环过程中每一个环节过程均有各自的运行系统，这些环节共同构成城市水循环系统。

5.1.2　城市水循环系统的基本特性

1. 城市水系统的基本特征

城市水系统是重要的基础设施，以城市水系统为运营、管理对象的城市水循环，对国民经济发展具有全局性和先导性的影响。城市是人类活动最为集中的、强度最大的地区，城市水系统也成为水交换频率最快、循环强度最高的地区，因此城市水系统具有水循环的高强性。同时，城市水系统的根本目标是保证水的良性循环，实现水资源的可持续利用，以水资源的可持续利用保障城市社会经济的可持续发展。为此，城市水系统需将供水和排水紧密结合，形成一个完整、协调的体系，具有供排水的统一性；必须保障和维系经济发展与资源环境协调发展的可持续性；同时，城市水系统作为城市的公共设施，其实现的功能、供排水的产品和服务，又具有公益性与商品性的双重性。

1）水循环过程的高强性

从城市生态学的角度看，城市是一个具有复杂网络的人工生态系统，物流、能流、信息流的交换平衡才能维持城市大系统的稳定，其中，水流是城市各种流中最为基础和重要的。城市地区人口、工业生产、商业活动密集，生产、生活时时刻刻离不开水，加上城市用水的便捷性和高保障率要求，城市水系统的取水、供水、用水、排水过程时刻高度耦合，环环相扣，运转不停。因此，城市水系统过程具备水循环过程的高强性。

2）供排水的统一性

人类社会对水的利用应遵循自然水循环的基本规律，在城市水循环过程中，供水和排水是人类向自然界“借水”和“还水”的两个过程，并且在用水之后，须对水进行再生处理，使水质达到自然界自净能力所能承受的程度。否则，城市污水污染了水体，将直接影响城市及其相关地区的供水水质，从而直接从城市水系统的源头——取水环节上使城市水系统陷于恶性循环。另外，城市排水经过一定的处理后作为水源，可回用于工业、市政、农业乃至生活用水。这样，排水及污水处理系统也可看成水的加工厂，其水源是废水，但经处理后可作为城市可用水源。

随着水源污染的加剧和用水需求的增加，全球许多城市因水源污染而被迫在净水厂前端设置污水处理设施，以对原水进行预处理，另外一些城市因缺水需对污水处理厂的出水进行深度处理再生利用。自来水厂和污水处理厂已相互交织，难分彼此，城市水源、供水、用水、排水等环节之间的关系变得越来越密切，相互的制约作用也越来越明显。城市水系统是以城市可持续用水为核心、各环节紧密相连的统一体。

3）公益性和商品性的双重性

水是生产、生活的必需品，其价格需求弹性和收入弹性很小，这就决定了供水、排水企业必须以保证全社会的基本用水需求为首要目标，而不是利润最大化，而这个目标本身具有强烈的公益性。同时，供水、排水的品质与公众健康直接相关，因此城市水系统，尤其是供水、排水环节受到政府的严格监控管理和各阶层居民的强烈关注，这使得供水、排水企业针对市场反应的驱动具有非敏感性，这种非敏感性正是城市水系统公益性的重要表现。因城市水系统的建设维护需要大量的投资和运行费用，规划建设时间长，使用周期受许多不确定性因素影响，这种高投资、高风险、低收益的基础性行业一般由市政公共部门负责建设和运营，更强化了城市水系统公益性的必然性。另外，城市水系统具有一定的商品性。城市水系统的产品凝聚了一定的社会必要劳动，具有使用价值和可交换性，也是一种商品。传统的低水价政策，造成公众对奢侈用水的漠视，也使节水技术开发和实施缺乏动力，最终导致用水浪费严重。因此，对水价的制定一定程度上也要考虑市场经济规律。

城市水系统的公益性和商品性的双重性是相互对立、矛盾的两种属性，强调公益性必然削弱其商品性；反之亦然。因此，城市水系统的良性运作必须在其两种属性中找到平衡点，实现城市水资源的可持续利用，保障城市经济社会的可持续发展。

2. 城市供水子系统特征

城市供水系统主要包括城市取水系统、净水系统、输水系统和配水系统，是各种供输水设施的总称。城市供水子系统的特征主要有以下两点。

1）对水源具有较高要求

城市用水户主要是居民生活、工业和市政用水，用水密集且持续，有较高的保证率和水质要求，加上城市水系统具有公益性和商品性的双重属性，对水源点的选取要综合考虑水源点的各种条件。城市水系统地下水取水水源点的位置取决于其水文地质条件、地质环境和用水要求，应选在水质良好、不易受污染的富水地段。江河取水水源点的选取要结合江河的水流状况、流量流速、水位变幅、河床断面状况、河床地质条件、冰情和航运情况，以及施工、运行等因素来决定。

2）高风险性

城市水系统是一种典型的网络结构系统，其建设具有投资大、周期长的显著特点，大部分资产具有很强的专业性，与其他网络产业如电信产业相比，具有更显著的沉淀成本特征，当期运营成本在总成本中所占比例比较低。沉淀成本使得城市供水系统在建成后容易受到侵占，并可能得不到合理的补偿，因此，城市供水系统具有投资大、周期长、沉淀成本比例大的高风险性。另外，城市供水系统分布范围广、裸露工程多、看管困难、维护量大，因此在很多地区，城市供水系统往往十分脆弱，系统本身受损的风险较大。

3. 城市用水子系统特征

城市用水渗透社会生产和社会生活的各个领域，类型多种多样，总体可分为工业用水、生活用水和市政用水三部分。

1）工业用水

从可否重复利用的角度看，工业用水可分为易重复利用用水（如冷却用水、空调用水、锅炉用水）和难重复利用用水（如工艺用水、其他用水）两类。从功能分析，水是天然的能源载体和物质载体，主要发挥冷却、热能传导、洗涤和原料四大功能。据统计，我国工业冷却用水占全国工业用水总量的40%，这部分水是可以重复利用的，且重复利用量占整个工业用水量的80%，这是工业用水的第一项功能。工业用水的第二项功能是锅炉用水，主要用于产生蒸汽和热水，其取水也占我国工业用水总量的40%，重复利用量比较小。工业用水的第三项功能是洗涤，即将其他地方的杂质、污染物转移到水这种介质中。工业用水的第四项功能是进入产品，包括食品、饮料、医药等。冷却、锅炉大多用在重化工工业或者是能源工业，洗涤用水最大的是纺织、造纸、洗煤等行业，是水污染的最大来源。

工业用水具有以下四个方面的特性：一是和农业、生态用水不同，工业用水必须取自狭义的径流资源；二是一般情况下，各工业用水总量一般不大，单位价值用水量小，但要求定时定量，保证率要求高；三是可重复利用的量相对较大，但工业用水重复利用率存在一个极限，当其达到一定程度后，就不会再有较大的变化；四是对水质要求高，同时污染也较大。目前，工业生产是环境污染尤其是水环境的主要污染源。

2）生活用水

通常将城市用水中除工业用水（包括生产区生活用水）以外的所有用水统称为城市生活用水。城市生活用水包括居住用水和公共用水两大部分，居住用水主要是饮用、洗涤、卫生和家庭绿化用水。

居住用水具有明显的时间变化特征，不仅有时变和日变特征，还具有较强的月变和年变特征。①6:00～9:00城市居民生活用水出现一天最大用水高峰，第二个用水高峰出现在18:00～21:00，前者主要是由洗澡、洗漱和冲厕用水量增加所致，后者主要是由厨房、冲厕和洗澡用水量增加所致。②生活用水还具有逐日波动的特征，通常将最高日用水量与平均日用水量的比值计算为日变化系数。研究表明，一些小城镇周六、周日生活用水量呈现一周内最低值。③研究发现，生活用水量在每年春季的 2 月和 3 月最低，而到了夏季的 7～9 月达到年内最高值，这种用水量逐月变化的特征，使得不同季节的用水量也不同，用水量最多的是第三季度，最少的是第一季度，而另两个季度差别不大，造成这种变化的一个重要原因在于第三季度温度的升高导致人们洗澡次数的增加。④在年际水平，随着城市化的不断发展和人民生活水平的逐渐提高，生活用水量的发展规律为“较低水平—快速增长—缓慢增长—趋于平缓”四大发展阶段。

3）市政用水

市政用水（即公共用水）是对城市生活用水中除居民家庭用水以外的公共建筑、市政、环境景观和娱乐用水的统称。市政用水可分为公益性用水、生活性用水和商业性用水。

公益性用水主要用于绿化、消防和喷洒道路，生活性用水主要包括机关、部队、大专院校、中小学校、幼儿园、科研单位的用水，而商业性用水则主要指宾馆、饮食业、商场、医疗、洗浴娱乐业等的用水。公益性用水的显著特点是没有直接的消费主体，水的消费主体是整个城市，而不能细分到某个人，主要包括绿化用水、城市消防用水及浇洒道路用水等。这部分用水虽然从根本上与人的生活息息相关，但与人的直接相关性较差，受城市面积和气候影响因素的影响更大。生活性用水是指用水单位为满足本部门成员工作时间内生活而发生的用水，它与居住用水既有很大的相似性，又有较大的区别，主要表现在居住用水是对个人和个人财产的消费，而生活性用水是对本单位集体财产的消费，经济因素对个体的约束不直接。商业性用水是指把水作为一种经济成本的用水方式，它的消费具有三个明显的特点：一是水的消费能为用水单位带来利润；二是水的消费个体不固定，不受经济约束；三是水的消费与用水单位的产值有很强的相关性。

总之，城市生活用水量取决于当地的气候、水资源丰富程度、居住习惯、人口数量及社会经济条件等诸多因素。随着城市人口的不断增加，城市生活用水量稳步上升，其在城市用水总量中的份额也越来越高。其中，公共用水在城市发展中的作用越来越受到重视，在生活用水中所占的比例逐步提高，这一方面因为城市建设对绿化等生态建设的重视导致这部分用水的需求越来越大，而另一方面因为生活性用水和商业性用水的经济价值与使用者的利益未能直接挂钩，或者公众的节水意识还不够强，这部分水资源的使用还存在浪费现象，因此节水的潜力比较大。

4. 城市排水子系统特征

供水、排水是城市水系统中不可分割的两部分，共同构成供排水系统，该系统也是一个物质流循环系统。人类产生的废物在系统内循环重复利用，不再随着废水排出系统而污染自然水体。因此，与城市供水系统一样，城市排水系统也是城市最基本的市政工程设施。城市排水系统对保证城市生活和生产的正常秩序，满足社会效益、经济效益和环境效益等具有重要作用。城市排水系统的功能有：①及时排除雨水、污水，防止市区内涝；②集中处理污水，达标排放，防止公共水域水质污染。如果将城市拟人化，水就是城市的血液，供水管网就是动脉，排水管网就是静脉。而污水处理厂就是城市的肝脏，起到净化城市污水与制造再生水的作用。可见，排水系统起到回收城市污水和净化再生，畅通城市水循环的作用。传统观念上，排水系统是以防止雨洪内涝、排除和处理污水、保护城市公共水域水质为目的，污水是有害的，应尽快排除到城市下游，这种观念往往保护了局部的生活环境，危害了广大流域地区。

与供水系统类似，排水系统也具有投资高、建设周期长和风险高的特点，此外，排水系统还具有系统体制多样的特点。城市排水一般可分为雨水和污水两大类。一般而言，污水主要由生活用水污水、工业生产污水、市政污水以及公共水域污水等组成，其排放具有持续性，且一般情况下其污染物含量较高；雨水排水依赖于降雨情况，当降雨在城市形成径流后，雨水排水才开始工作，一般而言，雨水排水中的污染物浓度相对较低，为减轻水体污染程度，一般对雨水排水和污水排污进行分质收集排放。

5.1.3　城市化的水循环效应

城市化的程度是衡量一个国家和地区经济、社会、文化、科技水平的重要标志，也是衡量国家和地区社会组织程度和管理水平的重要标志。城市化是人类进步必然要经过的过程，是人类社会结构变革中的一个重要线索，只有经过了城市化，才能标志着现代化目标的实现。据预测，到2020年我国城市化水平将达到50%左右。因此，在加快城市化进程的同时，需处理好城市水循环与城市发展的关系，搞好城市水资源开发及保护城市化进程的顺利进行。正确认识城市化对城市水循环系统带来的影响，并采取必要的措施认真予以解决，对“自然—社会”二元水循环模式的构建有重要意义。

城市化的水循环效应包括城市对自然水循环的影响和对城市水循环系统中取、供、用、排的影响。城市化的水循环效应主要由城市人口增加、经济发展、产业结构变化及城市化区域土地覆盖变化所致，对水循环的影响主要表现为城市进程驱动着需水量、废污水量、不透水面积的增加，以及城市排水系统的改变。

1. 城市化对自然水循环的影响

随着社会经济的不断发展，城市化进程日益加快，农业用地向非生产性用地转移的力度与规模空前扩大，大面积地表因密闭而彻底丧失了生产力和生态功能，并直接改变地表径流特征及地表水质量，从而对水的流动、循环、分布，水的物理、化学性质及水与环境的相互关系产生各种各样的影响。

城市化导致土地覆盖变化，最终将导致水分循环变化，影响水量在空间分布上的变化。城市的兴建和发展使原本天然植被或土壤大面积地被街道、工厂、住宅等建筑物代替，可渗水地面减少。因此，一方面，地表水和地下水的联系通道被严重阻塞，地下土壤及地下水与外界的交流、自我净化调节功能日益弱化，自然水循环过程被破坏；另一方面，大面积的不渗水地面实际大大改变了城市地区原自然水循环过程下垫面的滞水性、渗透性和热力状况，城区降水产流快，汇流时间短，形成的洪峰尖瘦。因此，城市化对水循环要素量的变化影响明显，它们的变化随城市的发展、下垫面不渗水面积的增大而增大，不渗水面积的百分比越大，土壤下渗量越小，地面径流越大。

1）城市化对城市降水的影响

引起气候变化的原因主要有自然因素和人类活动，其中人类活动又集中体现为城市化。随着城市规模的发展、城市面积的扩大和城市人口的增加，形成大量生活、交通、工业等人为热源及温室气体排放。因此，在城市下垫面的热力、动力作用和温室效应的影响下，形成了城市区域气候。早在1968年，Changnon等就提出城市化对降水的可能影响问题，METROMEX计划（大城市气象观测试验计划）得以发起和实施。例如，对圣路易斯城长期降水资料分析表明，在城市的上空和下风方向月均和季均降水量及降水天气现象的发生频率，明显高于周围邻近地区，这种降水分布异常在夏季最显著，并且表现出随着城市化进程加快而增强的趋势。在对METROMEX计划观测资料分析和数值模拟的基础上，Changnon等进一步指出城市对夏季中等以上强度的对流性降水的增雨效果尤其显著，并提出三种城市增强降水机制假说[1]。

2）城市化对城市水循环途径的影响

随着城市的快速发展，居民的生活及工作环境在很大程度上得到改善。但是随之出现的是城市大面积的天然植被和土壤被街道、工厂、住宅等建筑物代替，这使下垫面的不透水面积增大，从而减少了降水的渗入量。城市化前，蒸发量占40%，地面径流量占10%，下渗水占50%；城市化后，蒸发量占25%，地面径流量占30%，屋顶径流量占13%，下渗水占32%。下垫面的变化已经在很大程度上改变了城市区域水循环途径，对涵养城市水源产生了不利影响。

3）城市化对地表径流特征的影响

城市化地区下垫面及地表情况的迅速变化，导致自然的降雨—径流过程发生质的变化。城市道路及铺砌路面的不断增加使同量级的降水产生的径流远比自然状态下的大。不透水面积和排水工程的扩大，使土壤入渗和地面蒸发相应减少，而由降水形成的地表径流量、流速和峰值流量增加，汇流时间缩短，从而城市的雨洪径流明显增大，地表径流的侵蚀和搬运能力也相应增强。

4）城市化对地表水质的影响

人类赖以生存的水环境不断遭受污染是世界普遍存在的问题。城市化对地表水质的影响主要表现为两个方面：一是城市化人口增加和社会经济发展所排放的污染物不断增加，很快超过城市本身水体的自净能力，而且污染物中带有大量的难降解物，水环境污染日益严重，要求城市污水处理规模不断增加；二是以城市地面硬化为主要特征的下垫面变化后，城市降水汇流时间大大缩短，径流量增加，冲刷城市下垫面污染物的能力剧增，径流中悬浮固体和污染物含量也增大。随着城市污水处理能力的不断提高，在许多城市地区，雨水径流污染已成为城市水污染的主要组成部分。在两次暴雨之间，大气中沉降和城市活动产生的尘土、杂质及各类污染物积聚在不透水面积上，最后在降雨期被径流冲洗掉，进入雨水管道。城市雨水管道中大量污染物排入城市的河、溪沟，造成城市水域污染。根据环保部门的监测，水体污染最严重的是久旱后的大暴雨所形成的地表水。

5）城市化对地下水的影响

城市化对地下水的影响显著，主要体现在：①地下水超量开采造成地下水位下降；②城市不透水面积增加，降雨入渗对地下水的补给量减少。一方面，城市化的不断发展导致城市人口剧增，工业不断发展，城市用水量增加，水资源供需形势紧张。为解决供应不足问题，绝大部分缺水城市均将城市地下水作为补充和稳定城市水资源供给的长期水源，过量开采导致地下水水位不断下降。另一方面，由于城市不透水面积的不断增加，降雨下渗对地下水补给量减少，更加剧了地下水的下降趋势。多种因素的共同作用，加剧了地下水形势，许多城市区域已出现了地下水漏斗。

6）城市化对蒸散发的影响

一方面，城市化不断加速，绿地迅速减少，可渗水面积减少，降水对地下水的垂直补给量减少，使地表及树木的水分蒸发和蒸腾作用相应减弱，包气带蒸发量减少，从而使总蒸发量减少。尤其在城市扩张过程中，伴随着城市土地利用变化，大片农田改编为人工路面及建筑群，截断了包气带蒸发，使地表蒸发减少。另一方面，城市硬化面积和不透水面积急剧增加，使地表蒸发能力迅速提高，城市路面洒水和雨后的蒸发量比绿地原有地面大大增加。因此，迄今为止，城市化对蒸发量的总影响仍缺少一个定量认识。

7）城市水土流失对城市水质的影响

城市水土流失是一种典型的城市水文效应。城市建设发展过程中，大量的建筑工地使流域地表的天然植被遭到破坏，裸露的土壤极易遭受雨水的冲蚀，形成严重的水土流失，从而改变了地表物质能量的迁移状态，增加了水循环过程中的负载。流失的水土不仅造成侵蚀区流域的冲刷和淤积，造成人畜伤亡和财产损失，而且导致下游流域河道、港口及水库的淤积，恶化水质。这种工程型的水土流失，主要是由人类活动所造成的。

城市化对水质的影响主要表现为对城市水体的污染。污染来自三个方面：一是工业污染；二是生活污染；三是城市非点源污染。工业污染主要指由工厂或企业排放的废水、废气，其特点是集中排放、浓度高、成分复杂，有的毒性大，甚至带有放射性；生活污染主要指城市居民日常生活排放的废水、废气，其特点是有机含量高、生物耗氧量低，易腐败，特别是由医院排放的含有细菌或带有病毒的污水、污物，对水体具有极大的危害性；非点源污染主要是指工厂和机动车排放的尾气，大气尘埃，生活垃圾，街道、陆面的废弃物，建筑工地上的建筑材料及松散泥土等。

城市降雨径流污染是非点源污染的重要途径。降雨将大气、地面上的污染物淋洗、冲刷，随径流一起通过下水道排放进河道。污染径流的成分十分复杂，含有重金属、腐烂食物、杀虫剂、细菌、粉尘等若干有害物质，量也很大，对水体污染的危害性要比其他污染途径严重得多。城市降水径流污染的浓度及成分随时间、季节、各次降雨的不同而不同。例如，每年春季的初级降雨径流一般污染物含量大；每年雨季的大雨既能冲刷长期积存在界面和下水道中的污物，也能稀释河道天然径流与污水量的比例，但并不改善水质。

2. 城市化对社会水循环系统的影响

1）对取水子系统的影响

随着城市化的发展，城市人口增长、工业发展、用水量标准提高，城市用水需求不断增长，从而不断对城市取水产生重要影响，表现为取水范围、取水量及取水水质三个方面。首先是城市化进程中，城市取水地理范围不断扩大，取水口不断向外迁移，有的甚至随河流不断向上溯源；水源范围上，从最初的地表水取水，到后来的地下水取水，有的地方甚至不断向海水、雨水等非常规水源取水。其次是取水量需求不断增加，城市取水不断挤占周边农业、农村取水量，甚至挤占生态用水，超采地下水。最后是取水水质，受水污染和生态环境恶化的影响，城市取水水质一般会逐渐变差。

2）对供水子系统的影响

在一定的城市化阶段内，城市化进程推进将促进城市的用水需求不断增长，包括同一地域范围内供水管网供水能力的增长和城市供水管网分布范围的增长两个方面。城市供水系统建设投资大、牵涉面广，因此对一个不断发展的城市而言，城市供水系统不可能一次建成，最理想的方式是在统一规划的基础上分期实施。另外，在城市化初期，城市供水子系统布置形式一般为树枝状管网，随着城市的扩大、城市各分区间及各行业间联系的不断紧密，要求在整个供水区域内，在技术上要使用户有足够的水量和水压，在时间上要求无论是正常工作还是局部管网发生故障都保证不中断供水，因此城市化发展促进供水子系统逐渐由树枝状管网向环状管网转变，从而也使供水子系统的建设投资越来越大，管理越来越复杂。

3）对用水子系统的影响

影响城市用水量的主要因素是生活用水和工业用水，城市化对城市用水子系统的影响主要包括水量、水质和用水便利度三个方面。

就水量来看，用水量增长的原因主要包括人口增加、人均生活用水标准提高、工业规模扩大和体系完善、服务业日益发达、市容市貌（城市生态）改善等。一般而言，随着城市人口的不断增长，用水量会大幅度增加，但不同城市间城市用水的演变趋势差异较大。以美国自来水厂协会调查的统计数据为例，分析表明，1940～1970年，美国城市人均用水量经历了一个快速的正增长期，1970年以后进入了一个稳定期和下降期，1940～1992年，美国城市的用水量已经没有明显的时间趋势，至于不同时间和不同地点用水量的差异，一般解释为由于价格、收入、气候、房屋类型和其他决定用水量的因素的差异而引起。据统计，1980年我国城市人口为1.91亿人，到2004年增长至5.43亿人，年均增长率为4.45%；1980年城市年供水量为88.3亿m^3，2004年增长至490.28亿m^3，年均增长率为7.40%；1990年我国城市污水总排放量为179亿m^3，2004年增长至356亿m^3，年均增长率为5.03%。另外，城市经济总量和三次产业结构的变化对城市水循环的影响也主要反映在城市用水总量及用水构成上。用水量随着经济总量和三次产业结构的变化而变化。1997年，我国三次产业经济结构为19.1%、50.0%、30.6%，各产业用水量所占比例为70.4%、20.2%、9.4%。2004年，我国三次产业经济结构调整为15.2%、52.9%、31.9%，各产业用水量所占比例为64.4%、22.2%、13.2%。从总量看，第一产业生产总值呈缓慢上升趋势，而用水量呈缓慢下降趋势，这表明我国农业用水水平已经有所提高，这与农业节水技术的推广有较大的关系；第二产业生产总值迅速增长，其用水总量增加较少，生产总值增长速度远远高于其用水量增长速度；第三产业生产总值以稍低于第二产业增长速度快速增长。三次产业效益明显提高。

就水质来看，人口增加、工业发展和满足人们日益增长的服务需求，导致城市用水对象多元化，而各种用水的水质要求不同。工业生产、居民生活和大部分公益性用水均通过供水系统进行配置，因此，尽管各种用水对水质的要求不同，但实际上这些用水的标准一般都达到生活用水水质标准。

随着城市化进程的日益推进，城市供排水系统日益发展完善，城市居民用水的便利程度大大提高。

4）对排水子系统的影响

随着城市化的发展，城市排水子系统及其排水规模不断加大，甚至出现了排水跟不上城市发展的速度，城市部分地区出现不同程度的脏、乱、差问题，严重影响了居民生活质量。

在人口不甚集中,工业不太发达的时代,人们误认为水资源足够利用、水环境容量足够大,而忽略了水的再生性质和水环境的脆弱本质,因此全球多年的排水实践仅保护了局部城区生活环境,污染了全流域,造成长期危害。事实上,良好的水环境不应是局部地域的,而应是流域乃至全球的。当今社会,由于经济的迅速增长和城市人口的高度集中,水环境劣化日趋严峻,水资源短缺矛盾日趋突出。今后城市排水子系统要起到回收污水、再生净化、畅通城市水循环的作用,就必须从防涝减灾、治污减灾的被动地位,升华到以污水资源化、创建健康水循环、恢复良好水环境可持续利用为己任的城市生命线工程的地位上来。

5.2 中原城市群概况

水资源作为基础性生产资料,为城市化进程提供物质资源保障,支持城市化发展;同时,随着社会化进程的加快,水资源开发利用量有限性和经济社会发展无限性之间的矛盾愈加尖锐,水资源稀缺性凸显,进而制约城市化发展。城市群是城市发展到成熟阶段的最高空间组织形式,是在地域上集中分布的若干城市和大城市集聚而成的城市集团[2],量化城市群城市化发展与水资源利用之间的定量关系,将对城市群协调发展及城市群总体功能的发挥提供理论基础和数据支持。

中原城市群地跨长江、黄河、淮河、海河四大流域,水资源主要集中于汛期,多年平均地表水资源量为 74.7 亿 m^3,折合径流深为 117.7mm,低于河南省平均值 182.8mm[3],人均水资源量仅为全国人均水资源量的 1/5。水资源短缺已成为制约中原城市群可持续发展的因素。目前,对于中原城市群水资源的相关研究偏少,主要集中于水资源承载力[4~6]、城市综合承载力[7,8]、水资源调配[6]等,而鲜有城市群发展与水资源利用关系的研究。随着城市化进程的加速,水资源的硬约束作用将越来越大[9]。因此,以我国首个内陆城市群——中原城市群为研究对象,分析其城市化与水资源利用的定量关系,对加快中原城市群城市化进程及实现中部崛起具有重要的现实意义。

5.2.1 地理位置

中原城市群位于北纬 33°24′～35°50′,东经 111°8′～115°15′,以省会郑州为中心,包括洛阳、开封、济源、焦作、新乡、平顶山、许昌、漯河等城市,位于河南省的中部和北部。其南与驻马店市的西平县、南阳的方城县相邻,东南与周口市的西华县、扶沟县接壤,东与商丘市的民权县、睢县相连,西北与山西的晋城、陵川比邻,西与三门峡的渑池县、义马市相望,西南与南阳的南召县、西峡县相通。中原城市群土地面积为 5.87 万 km^2,占河南省 35%,是河南省加快城市化进程、带动中原崛起的重要战略举措，也是国家新型城镇化规划(2014～2020 年)明确要加快培育的城市群之一。2013 年中原城市群人口共计 4344 万人，其中城镇人口 2152 万人，城市化率 49.5%，高于全省城市化率 43.8%。

5.2.2　水资源状况

1. 降雨

1) 降水量计算

采用 1956～2000 年系列作为水资源量分析样本，以计算区为单位，采用泰森多边形计算面平均降雨量，然后采用面积平均法计算水资源区、行政分区的降水量，并进行典型年降水量计算和时空变化规律分析。中原城市群多年平均降水量为 679.9mm，各行政区多年均值和不同频率的年降水量、特征值见表 5.1[3]。

2) 降水量分布特点

地区分布特点：地形对降水影响程度最大，中原城市群降水量的地区分布差异主要由地形的差异所致，总体特点为降水量自南向北呈递减趋势，同纬度的山丘区降水量大于平原区，山脉的迎风坡降水量多于背风坡。河南省分割湿润带和过渡带的 800mm 降水量等值线，西起卢氏县，经伏牛山北部和叶县向东略偏南方延伸到漯河市。此线以南为湿润带，降水相对丰富；以北属于过渡带，即半湿润半干旱带，降水相对较少。除平顶山南部外均属于半湿润半干旱带，平顶山市降水量最大，焦作市降水量最小，见表 5.1。降水量地区分布丰枯悬殊，枯水年差异更大。

表 5.1　中原城市群各行政区多年均值和不同频率的年降水量、特征值

城市	计算面积/km^2	统计参数			不同频率的年降水量/mm			
		多年均值/mm	C_v	C_s	20%	50%	75%	95%
郑州	7534	625.7	0.24	2.0	747.3	613.7	519.0	400.8
开封	6262	658.6	0.25	2.0	791.7	644.9	541.4	413.1
洛阳	15230	674.5	0.22	2.5	793.8	661.0	568.4	455.7
平顶山	7909	818.8	0.22	2.0	965.3	805.6	691.2	546.7
漯河	2394	772.0	0.29	2.0	951.4	750.5	611.6	444.2
焦作	4001	590.8	0.25	2.0	710.2	578.5	485.6	370.6
新乡	8249	611.6	0.26	2.0	739.9	597.9	498.2	375.6
许昌	4978	698.9	0.22	2.0	823.9	687.7	590.0	466.6
济源	1894	668.3	0.25	2.0	803.3	654.4	549.3	419.2
中原城市群	58451	679.9	0.24	2.1	814.1	666.0	561.6	432.5

注：C_v 表示变差系数，反映样本的离散程度；C_s 表示偏态系数，反映样本在均值两边的对称程度。

时间分布特点:年内分布主要表现为汛期集中,季节性变化十分明显。多年平均汛期(6～9 月)降水量为 350～700mm,占全年降水量的 50%～75%。年内降水集中程度自南向北递增,黄河以北最高,为 65%～75%,有些年份降水量往往集中于几场暴雨,而在作物生长最需要水分的春季(3～5 月)降水量较少,有的月份甚至滴水不下,对作物生长十分不利。

降水量年际变化剧烈,具有最大与最小降水量相差悬殊等特点。最大与最小降水量的极值比一般为 2～4,个别大于 5;极值比最大的雨量站为南寨站,1963 年降水量为 1517.6mm,1965 年降水量仅有 279.3mm,年降水量极值比达 5.4。年降水量变差系数 C_v 的大小反映降水量的多年变化规律,河南省降水量变差系数一般为 0.2～0.4,相比而言,中原城市群年际变化总体较为稳定,最大为漯河市(C_v 为 0.29)。

2. 地表水资源量

各水资源量均采用《河南省水资源综合规划》《河南省水资源》成果,各行政区不同频率地表水资源量及特征值如表 5.2 所示。

表 5.2 各行政区不同频率地表水资源量及特征值

城市	计算面积/km²	统计参数		C_v	不同频率地表水资源量/万 m³			
		水量/万 m³	径流深/mm		20%	50%	75%	95%
郑州	7534	76781	101.9	0.60	106410	63815	43470	29816
开封	6262	40439	64.6	0.60	58213	35704	22692	10277
洛阳	15230	258378	169.7	0.48	315354	235598	168224	104842
平顶山	7909	156567	198.0	0.66	230954	134514	80591	32744
漯河	2394	33385	123.9	0.76	50827	27224	14796	4889
焦作	4001	40533	101.3	0.56	57933	36293	24448	14364
新乡	8249	75212	91.2	0.60	108270	66405	42038	19115
许昌	4978	41903	84.2	0.78	64172	33779	17989	5685
济源	1894	23652	124.9	0.52	35009	22693	15738	9505
中源城市群	58451	746850	117.7	0.62	114087	72892	47766	25693

中原城市群地表水资源量的地区分布与降水量分布趋势基本一致,南部多于北部,西部山区多于东部平原。中原城市群地表水资源总量为 746850 万 m³,折合径流深 117.7mm,低于全省平均值 182.8mm。地表水资源量主要产生在汛期,连续最多四个月出现时间稍滞后于降水量。多年平均连续最多四个月地表水资源量出现在 6～9 月,约占全年的 62.5%。年际变化大,丰枯非常悬殊,许昌、漯河丰枯倍比值均超过 20 倍。各行政区地表水资源量极值见表 5.3。

表 5.3　各行政区地表水资源量极值分析表

城市	计算面积/km²	地表水资源量					
		均值/万 m³	最大		最小		最大与最小倍比值
			水量/万 m³	出现年份	水量/万 m³	出现年份	
郑州	7534	76781	289784	1964	28990	1966	10.0
开封	6262	40439	150646	1964	7669	1966	19.6
洛阳	15230	258378	800990	1964	99936	1999	8.0
平顶山	7909	156567	433821	1964	22416	1966	19.6
漯河	2394	33385	111652	1964	3932	1978	28.4
焦作	4001	40533	126519	1964	11164	1997	11.3
新乡	8249	75212	262019	1963	16025	1986	16.4
许昌	4978	41903	181441	1964	6447	1966	28.1
济源	1894	23652	75308	1964	8350	1991	9.0
中原城市群	58451	746850	2432180	—	22770	—	17.0

3. 地下水资源量

将地下水资源量分为平原区地下水资源量和山丘区地下水资源量进行计算。平原区地下水资源量指近期下垫面条件下，由降水、地表水体入渗补给及侧向补给地下含水层的动态水量。山丘区地下水资源量指山丘区的降水入渗补给量。如表 5.4 所示，中原城市群地下水资源量为 692141 万 m³(1980～2000 年)，其中山丘区地下水资源量为 330002 万 m³，平原区地下水资源量为 435487 万 m³，平原区与山丘区重复计算量为 73348 万 m³。按矿化度分区，淡水区地下水资源量为 688519 万 m³，占地下水资源总量的 99.48%。

表 5.4　各行政区地下水资源量计算成果　(单位：万 m³)

城市	山丘区地下水资源量	山丘区开采消耗量	平原区地下水资源量	平原区与山丘区重复计算量	分区地下水资源量	淡水区地下水资源量(矿化度＜2g/L)	地下水与地表水重复计算量
郑州	76850	44224	37857	7122	107585	107585	40278
开封	0	0	83471	5584	77887	77457	7001
洛阳	115141	17805	42095	11474	145762	145762	114325
平顶山	51846	10334	28723	1012	79557	79557	49831
漯河	0	0	37765	274	37491	37491	7607
焦作	22300	8564	44538	13617	53221	52577	16669
新乡	27390	10504	110007	26491	110906	108358	36973
许昌	23390	9451	41483	3332	61901	61901	13595
济源	13085	924	9188	4442	17831	17831	10440
中原城市群	330002	101806	435487	73348	692141	688519	296719

4. 水资源总量

水资源总量指当地降水形成的地表和地下产水量，即地表径流量与降水入渗补给量之和。本部分水资源总量计算采用地表水资源量与降水入渗补给量之和再扣除降水入渗补给量形成的河道基流排泄量的计算方法。

如表 5.5 所示，1965～2000 年多年平均水资源总量为 112.6 亿 m^3，产水模数为 19.30 万 m^3/km^2，产水系数为 0.30。行政区产水模数最大的为漯河(23.76 万 m^3/km^2)，最小的为济源(17.39 万 m^3/km^2)，产水系数最大的为焦作(0.32)，最小的为许昌(0.25)。

表 5.5　各行政区水资源总量

城市	计算面积/km^2	降水量/mm	水资源总量/万 m^3	产水模数/(万 m^3/km^2)	产水系数
郑州	7534	625.7	131844	17.50	0.28
开封	6262	658.6	114797	18.33	0.28
洛阳	15230	674.5	285866	18.77	0.28
平顶山	7909	818.8	183368	23.18	0.28
漯河	2394	772.0	64020	23.76	0.31
焦作	4001	590.8	76536	19.13	0.32
新乡	8249	611.6	148800	18.04	0.29
许昌	4978	698.9	87990	17.68	0.25
济源	1894	668.3	329311	17.39	0.26
中原城市群	58451	679.9	1126152	19.30	0.30

5.3　数据来源及研究方法

5.3.1　数据来源

中原城市群城市化发展及水资源利用指标的选取如表 5.6 所示，以城市化率代表城市化水平，分别模拟耦合其与用水量、用水效益和人均用水水平之间的定量关系，其数据主要来源于 2007～2014 年《河南省统计年鉴》和 2006～2013 年《河南省水资源公报》。

表 5.6　城市化发展及水资源利用指标

一级指标	二级指标	指标说明
城市化水平	城市化率	城镇人口与常住人口比值/%
用水量	用水总量	农业、工业、生活、生态用水量之和/亿 m^3
	农业用水量	农业、林业、牧业、渔业用水量/亿 m^3

续表

一级指标	二级指标	指标说明
用水量	工业用水量	工矿企业在生产过程中用水量/亿 m^3
	生活用水量	城镇生活用水量/亿 m^3
用水效益	单方水 GDP	单位用水产值/(元/m^3)
人均用水水平	人均用水量	每一用水人口总用水量/(m^3/人)
	人均生活用水量	每一用水人口生活用水量/(m^3/人)

5.3.2　研究方法

统计产品与服务解决方案(statistical product and service solution,SPSS)软件是一款在调查统计行业、市场研究行业、医学统计、政府和企业的数据分析中享有盛名的统计分析软件[10]。在进行统计分析时,常常需要讨论两个或多个变量之间的相互关系,如果希望了解某个变量对另一变量的影响程度,则需要用到相关分析。根据不同的数据类型,需要采用不同的相关系数度量变量之间的相关关系,常用的相关系数为 Pearson 相关系数,其计算公式为

$$r=\frac{\sum_{i=1}^{n}(x_i-\bar{x})(y_i-\bar{y})}{\sqrt{\sum_{i=1}^{n}(x_i-\bar{x})^2\sum_{i=1}^{n}(y_i-\bar{y})^2}} \tag{5.1}$$

式中,n 为样本容量。

Pearson 相关系数的对应检验统计量是 t 统计量,SPSS 将自动进行计算。t 统计量的计算公式为

$$t=\frac{r\sqrt{n-2}}{\sqrt{1-r^2}}\sim t(n-2) \tag{5.2}$$

t 统计量服从自由度为 $n-2$ 的 t 分布,SPSS 将根据 t 统计量和自由度,依照 t 分布表自动给出 t 统计量所对应的相伴概率。如果相伴概率小于或等于显著性水平 α,则拒绝零假设 H_0;否则,接受零假设 H_0。

利用 SPSS,检验城市化水平与各水资源利用指标之间的相关性。相关系数 R^2 表示在 0.01 置信水平上的相关程度,R^2 越大,相关性越强。在通过相关性检验的基础上,构建相关性较强的两个变量之间的回归模型。利用回归模型反映水资源利用对城市化发展的响应,建立城市化发展和与其有较强相关性用水指标之间的数学关系,进而评估或预测城市化发展趋势。

5.4 中原城市群发展及水资源利用特征

据统计,2006～2013年中原城市群城市人口从4796万人增长至6275万人,增幅约为34%;城市化水平由39.74%升高到49.48%,升高了约10个百分点(表5.7、图5.1)。在此期间,中原城市群经济社会快速发展,GDP由2006年的7116亿元增长为2013年的18961亿元,年均增幅为10%。同时,产业结构随之调整优化,第一产业比重从10.6%降至8.0%,第二产业和第三产业比重均上升,增幅分别为2.4%和4.0%。

表5.7 中原城市群城市人口与城市化水平变化

年份	2006	2007	2008	2009	2010	2011	2012	2013
城市人口/万人	4796	5069	5325	5582	5568	5804	6067	6275
城市化水平/%	39.74	41.61	43.32	44.96	44.58	46.30	48.14	49.48

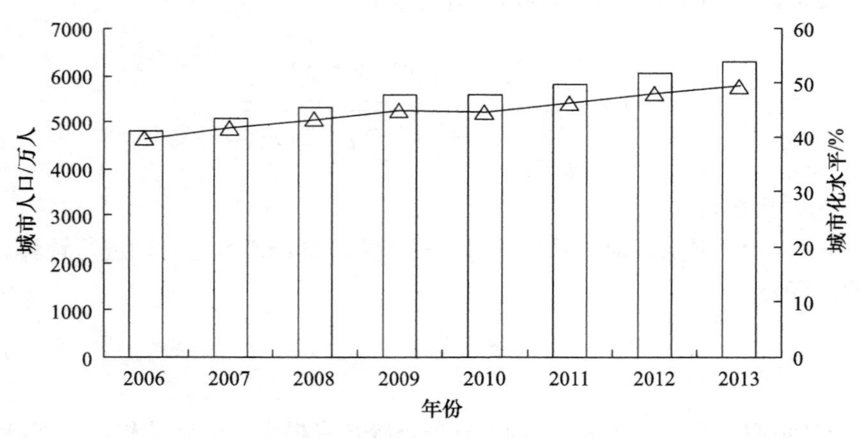

图5.1 中原城市群城市人口与城市化水平变化

城市人口 —△— 城市化水平

2006～2013年,中原城市群用水总量呈波动上升趋势,由103.63亿m^3增至108.09亿m^3,增幅为4.3%,与此同时,水资源利用结构变化明显,农业用水量减少了13.4%,工业用水量和生活用水量分别增加了32.03%和28.77%(表5.8,图5.2)。城市化发展使得用水结构在一定程度上进行适应性调整,使得水资源利用更加集约和合理。城市发展过程中人口规模的扩张、生活质量的提高及服务功能的完善,将使得用水量与用水效益持续增加。

表 5.8　中原城市群用水量与城市化水平变化

年份	城市化水平/%	用水总量/亿 m³	农业用水量/亿 m³	工业用水量/亿 m³	生活用水量/亿 m³
2006	39.74	103.63	61.81	26.63	12.27
2007	41.61	95.60	52.13	27.83	12.57
2008	43.32	104.14	56.77	28.99	13.25
2009	44.96	106.92	59.17	29.98	13.66
2010	44.58	100.84	50.86	31.75	13.98
2011	46.30	103.15	47.63	32.95	14.94
2012	48.14	109.04	49.60	36.59	15.19
2013	49.48	108.09	53.51	35.16	15.80

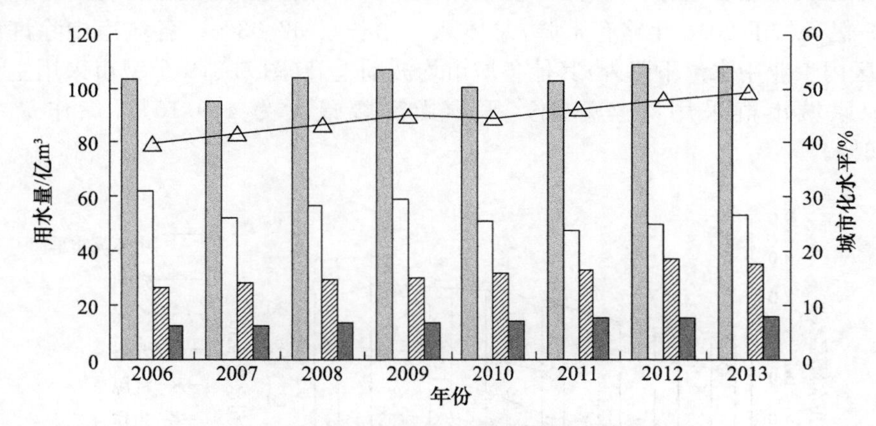

图 5.2　中原城市群用水量与城市化水平变化

用水总量　农业用水量　工业用水量　生活用水量　城市化水平

5.5　城市化水平与水资源利用定量分析

5.5.1　城市发展与水资源利用指标相关关系分析

分析城市化水平与各用水指标之间的相关性(表 5.9)，拟合城市化水平与强相关用水指标的定量关系。

表 5.9　城市化水平与用水指标相关性分析

城市化水平	用水总量/亿 m³	农业用水量/亿 m³	工业用水量/亿 m³	生活用水量/亿 m³	单方水 GDP/(元/m³)	人均用水总量/(m³/人)	人均生活用水量/(m³/人)
Person 相关系数	0.654	−0.563	0.953**	0.981**	0.978**	0.261	0.959**
显著性	0.079	0.146	0.000	0.000	0.000	0.533	0.000

** 表示在 0.01 水平(双侧)上显著相关。

通过相关分析可知，工业用水量、生活用水量（表征用水量）、单方水 GDP（表征用水效益）和人均生活用水量（表征人均用水水平）与城市化水平的 Person 相关系数分别为 0.953、0.981、0.978 和 0.959，双尾检验概率均为 0.000<0.01，因此工业用水量、生活用水量、单方水 GDP 和人均生活用水量均与城市化水平显著相关。

5.5.2　城市化水平与用水量变化

1. 城市化与工业用水

1）工业用水量变化

中原城市群工业用水量由 2006 年的 26.63 亿 m^3 持续增长至 2012 年的 36.59 亿 m^3，于 2013 年略有下降，总体八年增长了 32.03%。各城市中除许昌在研究区内工业用水量下降外，其他各城市均波动上升（图 5.3，9 个城市采用主坐标轴，中原城市群采用次坐标轴），平顶山涨幅最大为 139.10%，焦作最小为 10.66%。

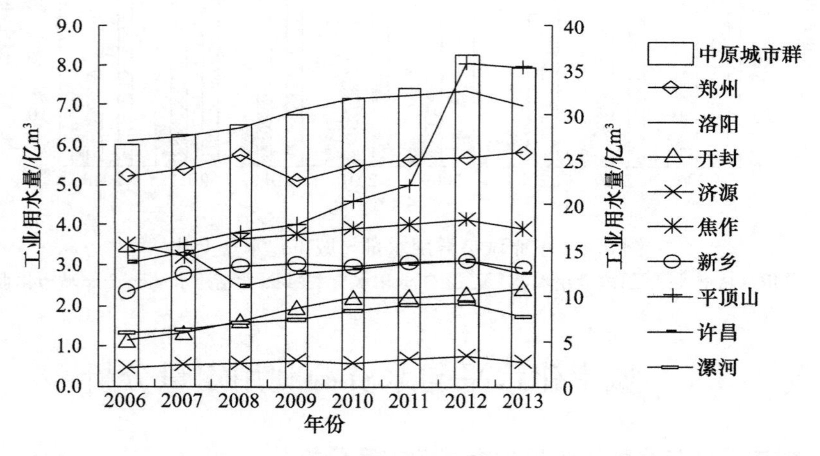

图 5.3　中原城市群工业用水量变化

2）城市化水平与工业用水定量关系

统计分析表明，城市化水平与经济发展呈对数曲线关系[11]，用水量与经济发展呈幂函数关系[12]，将经济变量消元，得出城市化水平与用水量之间的对数曲线模型[9]，即 $Y=a\ln X+b$。根据 2006～2013 年中原城市群及各市城市化水平（Y）及工业用水量（X），得出两者耦合关系模型（表 5.10）。

由表 5.10 可知，中原城市群城市化水平与工业用水量之间具有很强的相关关系（$R^2=0.921$），城市化水平随工业用水量呈对数增长（双尾检验概率为 0.000，通过显著性检验）。随着城市化水平的提高，当城市化水平提升至 50%、60%和 70%

时,工业用水量分别增至 37.52 亿 m^3、53.83 亿 m^3 和 77.23 亿 m^3。城市化水平每增加一个百分点,所需的工业用水量就越多。如果以固有的对数模式增长,现在的水资源量不足以支持中原城市群城市化和工业化的持续发展。因此,中原城市群应提高工业用水效率,减少生产过程中的水资源浪费,以实现需水零增长。就各城市而言,除郑州和许昌城市化水平与工业用水量之间的对数关系不显著外,其余 7 个城市均呈显著相关。研究期间,郑州工业用水量增幅为 11.10%,而工业产值增加了 228.53%,说明郑州作为中原城市群的核心,并不以工业用水量的大规模投入为代价,而是通过改进工业技术,提高工业用水效率,实现城市化发展和水资源利用之间的良性循环。

表 5.10　中原城市群及各市城市化水平(*Y*)与工业用水量(*X*)定量关系

名称	相关关系	R^2	F	Sig.	显著性
中原城市群	$Y=27.700\ln X-50.409$	0.921	69.808	0.000	高度显著
郑州	$Y=31.989\ln X+9.066$	0.388	3.807	0.099	不显著
洛阳	$Y=40.126\ln X-32.367$	0.713	14.894	0.008	高度显著
开封	$Y=6.492\ln X+33.741$	0.588	8.566	0.026	较显著
济源	$Y=23.621\ln X+59.864$	0.640	10.653	0.017	较显著
焦作	$Y=34.127\ln X+1.883$	0.645	10.915	0.016	较显著
新乡	$Y=29.693\ln X+9.364$	0.548	7.276	0.036	较显著
平顶山	$Y=8.463\ln X+28.509$	0.885	45.986	0.001	高度显著
许昌	$Y=-6.086\ln X+45.752$	0.025	0.151	0.711	不显著
漯河	$Y=18.284\ln X+29.352$	0.653	11.307	0.015	较显著

2. 城市化与生活用水

1) 生活用水量变化

2006～2013 年,随着人口的增长及城市化进程的推进,中原城市群生活用水量由 12.27 亿 m^3 上升至 15.80 亿 m^3,涨幅约 28.78%。研究期内除漯河生活用水量降低了 5.57%外,其余城市生活用水量均有不同程度的增加(图 5.4,9 个城市采用主坐标轴,中原城市群采用次坐标轴),用水曲线走势大体相近,水量增长以郑州最为显著,八年间增长 60.45%,开封涨幅最低,为 6.34%。

2) 城市化水平与生活用水量定量关系

根据 2006～2013 年中原城市群及各市城市化水平(*Y*)及生活用水量(*X*),得出两者耦合关系模型(表 5.11)。由表 5.11 可见,中原城市群城市化水平与生活用水量之间具有很强的相关关系[13]($R^2=0.966$),城市化水平随生活用水量呈对数

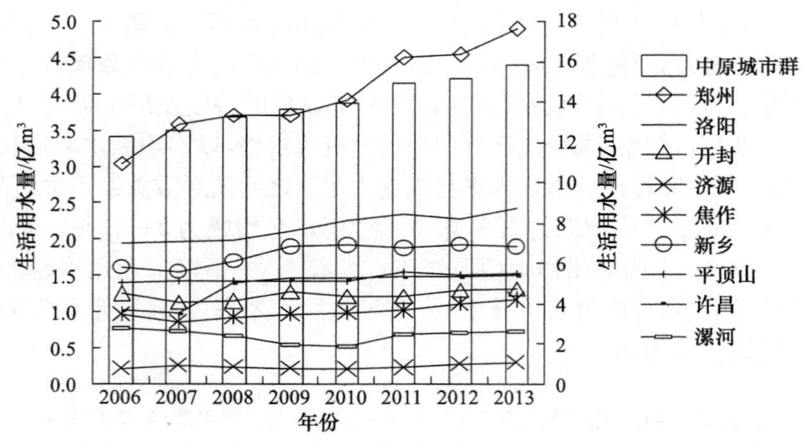

图 5.4　中原城市群生活用水量变化

增长(双尾检验概率为 0.000,通过显著性检验)。随着城市化水平的提高,当城市化水平为 50%时,生活用水量为 16.15 亿 m³;当城市化水平达到 60%和 70%时,生活用水量分别增至 21.49 亿 m³ 和 28.61 亿 m³。城市化水平越高,所需的生活用水量就越多,城市供用水对城市化发展的胁迫性和制约性将越来越强。中原城市群除开封、济源和漯河外,其余城市城市化水平均与生活用水量呈显著相关,相关性大小依次为郑州>洛阳>焦作>新乡>许昌>平顶山>开封>济源>漯河。开封、济源和漯河在中原城市群各城市中经济水平偏弱,研究期内只有此 3 市农业用水量呈增长趋势且工业用水量增幅较大,表明开封、济源和漯河在城市化推进中,水资源投入偏重于农业和工业。由此可见,城市化水平与生活用水量之间的关系,在一定程度上受经济发展的制约,这同鲍超等[9]的研究观点一致。

表 5.11　中原城市群及各市城市化水平(Y)与生活用水量(X)定量关系

名称	相关关系	R^2	F	Sig.	显著性
中原城市群	$Y=34.979\ln X-47.310$	0.966	169.628	0.000	高度显著
郑州	$Y=14.755\ln X+43.386$	0.930	80.073	0.000	高度显著
洛阳	$Y=35.865\ln X+16.779$	0.863	37.812	0.001	高度显著
开封	$Y=25.004\ln X+32.413$	0.373	3.575	0.108	不显著
济源	$Y=19.632\ln X+76.772$	0.347	3.187	0.124	不显著
焦作	$Y=31.052\ln X+46.879$	0.725	12.792	0.007	高度显著
新乡	$Y=35.371\ln X+20.202$	0.720	15.448	0.008	高度显著
平顶山	$Y=66.148\ln X+16.545$	0.660	11.670	0.014	较显著
许昌	$Y=15.823\ln X+34.523$	0.668	12.056	0.013	较显著
漯河	$Y=-3.735\ln X+37.641$	0.020	0.122	0.739	不显著

5.5.3　城市化水平与用水效益变化

1. 用水效益

以单位用水产值即单方水 GDP 反映用水效益，单方水 GDP 越大，用水效益越高。中原城市群单方水 GDP 由 2006 年的 72.72 元/m³ 增长至 2013 年的 178.54 元/m³，年均增幅约 18%。研究期各城市单方水 GDP 走势相近(图 5.5，9 个城市采用主坐标轴，中原城市群采用次坐标轴)，呈 2～3 倍增长，许昌增至 2006 年的 3.1 倍为增幅最大，平顶山和漯河增长约 2.0 倍为增幅最小。

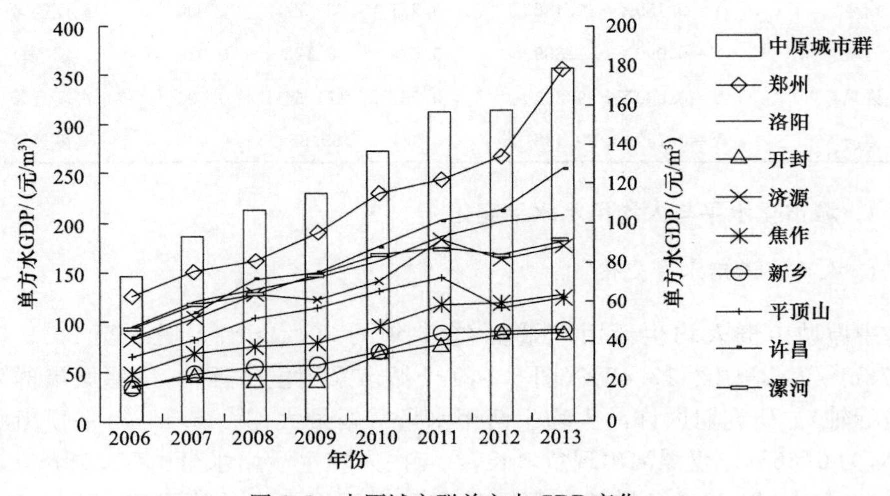

图 5.5　中原城市群单方水 GDP 变化

2. 城市化水平与单方水 GDP 定量关系

由表 5.12 可见，中原城市群城市化水平与单方水 GDP 之间具有很强的相关关系(R^2=0.957)，城市化水平随生活用水量呈线性增长(双尾检验概率为 0.000，通过显著性检验)。当城市化水平为 50%时，单方水 GDP 为 184 元/m³；当城市化水平达到 60%和 70%时，单方水 GDP 分别增至 295 元/m³ 和 406 元/m³。城市化水平越高，所产生的单方水 GDP 增幅就越少。中原城市群各城市中，城市化水平与单方水 GDP 呈线性显著相关。城市化水平最高的郑州市，用水效益增长速度(线性相关模型的斜率)反而最低，为 0.030，这体现了水资源利用效益的边际性。城市发展初期，水量的大规模投入使得用水效益增长显著；但是随着城市的成熟性发展，用水技术和节水意识的提高，用水效益的增长不再单纯依赖于水量的粗放型投入，而是逐步实现低耗水高产出的用水模式。

表 5.12 中原城市群及各市城市化水平(Y)与单方水 GDP(X)定量关系

名称	相关关系	R^2	F	Sig.	显著性
中原城市群	$Y=0.090X+33.439$	0.957	134.163	0.000	高度显著
郑州	$Y=0.030X+57.177$	0.922	71.010	0.000	高度显著
洛阳	$Y=0.080X+31.955$	0.969	185.399	0.000	高度显著
开封	$Y=0.063X+33.996$	0.979	83.667	0.004	高度显著
济源	$Y=0.112X+33.808$	0.878	43.312	0.001	高度显著
焦作	$Y=0.117X+36.565$	0.937	88.785	0.000	高度显著
新乡	$Y=0.159X+30.438$	0.921	69.659	0.000	高度显著
平顶山	$Y=0.090X+31.889$	0.575	8.123	0.029	较显著
许昌	$Y=0.060X+29.253$	0.967	174.641	0.000	高度显著
漯河	$Y=0.159X+30.438$	0.921	69.659	0.000	高度显著

5.5.4 城市化水平与人均用水水平变化

1. 人均生活用水量变化

中原城市群人均生活用水量由 2006 年的 30.42m³/人增长至 2013 年的 35.72m³/人，增幅约 17.42%（图 5.6，9 个城市采用主坐标轴，中原城市群采用次坐标轴）。研究期内许昌人均生活用水量涨幅最大，为 46.16%，平顶山涨幅最小，为 6.66%。仅漯河出现负增长，八年内人均生活用水量由 31.08m³/人降为 28.44m³/人，出现负增长的原因是漯河生活用水量总体下降，而人口略有增加。

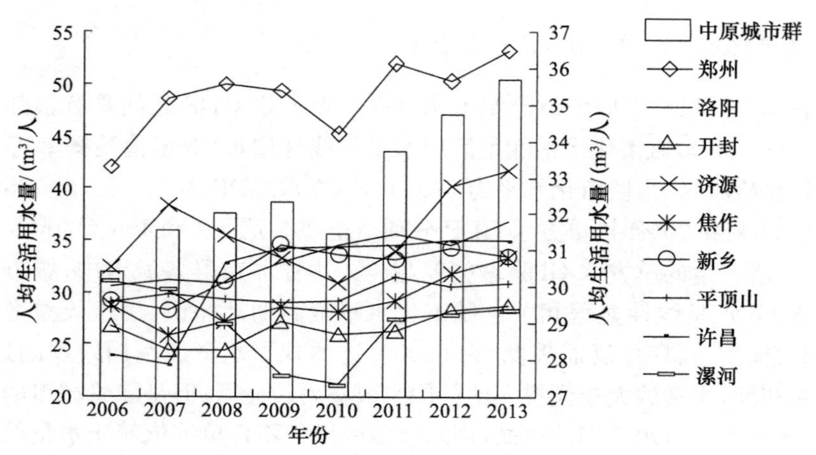

图 5.6 中原城市群人均生活用水量变化

2. 城市化水平与人均生活用水量定量关系

由表5.13可见，中原城市群城市化水平与人均生活用水量之间相关关系较强($R^2=0.925$)，城市化水平随人均生活用水量呈对数增长(双尾检验概率为0.000，通过显著性检验)。当城市化水平为50%时，人均生活用水量为35.89m^3/人；当城市化水平达到60%和70%时，人均生活用水量分别增至43.03m^3/人和51.57m^3/人。由模型推算，城市化水平每增加一个百分点，所需的人均生活用水量就越多。中原城市群各城市中，仅有洛阳城市化水平与人均生活用水量相关关系较强($R^2=0.844$)且通过显著性检验，郑州、开封、焦作、平顶山、许昌虽然通过显著性检验，但是相关性较低，如开封$R^2=0.388$，济源、漯河则没有通过显著性检验。这是由于城市发展过程中，人均生活用水量可能随着生活质量的提高而增加，也有可能随着节水技术的提高而减小，即人均生活用水量随着城市定位、用水习惯和产业结构等波动变化，进而与城市化水平的耦合关系显著性偏弱。

表5.13　中原城市群及各市城市化水平(Y)与人均生活用水量(X)定量关系

名称	相关关系	R^2	F	Sig.	显著性
中原城市群	$Y=55.190\ln X-147.613$	0.925	73.731	0.000	高度显著
郑州	$Y=22.711\ln X-24.610$	0.537	6.965	0.039	较显著
洛阳	$Y=43.752\ln X-108.999$	0.844	32.556	0.001	高度显著
开封	$Y=24.632\ln X-42.948$	0.388	3.798	0.009	高度显著
济源	$Y=20.433\ln X-23.894$	0.270	2.218	0.187	不显著
焦作	$Y=33.727\ln X-66.545$	0.642	10.767	0.017	较显著
新乡	$Y=38.568\ln X-92.830$	0.669	12.143	0.013	较显著
平顶山	$Y=68.432\ln X-190.766$	0.496	5.908	0.051	较显著
许昌	$Y=16.056\ln X-16.069$	0.672	12.295	0.013	较显著
漯河	$Y=-0.277\ln X+46.576$	0.073	0.474	0.517	不显著

5.6　小　结

中原城市群将成为中部崛起、辐射带动中西部地区发展的核心增长极，水资源利用对城市化发展有较强的支持作用。通过分析中原城市群及各城市城市化发展与用水量、用水效益和用水水平各指标的相关性，耦合城市化率与强相关指标的定量关系。

(1) 通过相关分析，中原城市群城市化率与工业用水量、生活用水量、单方水GDP和人均生活用水量相关系数较高，均大于0.900且均通过显著性检验。

(2) 中原城市群城市化水平与工业用水量、生活用水量呈显著对数增长关系，城市化水平越高，所需的工业用水量和生活用水量就越多。如果按照现有的对数关系增长，水资源对中原城市群的胁迫性将越来越强，城市化发展将难以持续推进。因此，中原城市群应调整产业结构，完善用水体制，提高生活用水效率，以实现生活用水零增长。

(3) 中原城市群城市化水平与单方水 GDP 呈显著线性增长关系，城市化水平越高，所产生的单方水 GDP 增幅就越少，即体现了用水效益边际性。这表明，随着城市化发展的日趋成熟，用水结构的合理配置及节水技术的大力推广，减少了用水产出对用水量的依赖性。

(4) 中原城市群城市化水平与人均生活用水量呈对数增长关系，但是显著性要低于城市化水平与工业用水量、生活用水量和单方水 GDP 之间的定量关系。这是由于人均生活用水量受城市定位、用水习惯和产业结构等影响，变化规律不明显，与城市化率的相关关系显著性偏弱。

参考文献

[1] Changnon S A. Major damaging convective storms in the United State. Physical Geography, 2011, 32(3): 286-294.

[2] Gottman J. Megalopolis or the urbanization of the northaestem seaboard. Economic Geography, 1957, 33(7): 31-40.

[3] 吴泽宁，管新建，岳利军，等. 中原城市群水资源承载能力及调控研究. 郑州：黄河水利出版社，2015.

[4] 吴泽宁，高申，管新建，等. 中原城市群水资源承载力调控措施及效果分析. 人民黄河，2015，37(2)：6-9.

[5] 曹建成. 中原城市群水资源承载能力调控效果评价研究. 郑州：郑州大学，2013.

[6] 陶洁，左其亭，齐登红，等. 中原城市群水资源承载力计算及分析. 水资源与水工程学报，2011，22(6)：56-61.

[7] 孙莉，吕斌，胡军. 中原城市群城市承载力评价研究. 水电能源科学，2008，27(3)：16-20.

[8] 马源，马珊珊. 中原城市群城市综合承载力评价与对策研究. 周口师范学院学报，2010，27(6)：120-123.

[9] 鲍超，方创琳. 河西走廊城市化与水资源利用关系的量化研究. 自然资源学报，2006，21(2)：301-309.

[10] 赖国义，陈超. SPSS 17 中文版统计分析典型实例精粹. 北京：电子工业出版社，2010.

[11] 周一星. 城市地理学. 北京：商务印书馆，1995.

[12] 宋建军，张庆杰，刘颖秋. 2020 年我国水资源保障程度分析及对策建议. 中国水利，2004，(9)：14-17.

[13] 孙艳芝，鲁春霞，谢高地，等. 北京城市发展与水资源利用关系分析. 资源科学，2015，37(6)：1124-1132.

第6章　区域水资源利用演变及驱动力分析

6.1　概　　述

水资源是人类社会和经济社会发展不可替代的基础性物质资源和载体，人类从事的各项生产活动都是水资源利用结构变化的体现。世界范围内大部分城市曾经以及现在都面临水资源可持续供应危机。全球水资源总量为13.86亿km^3，淡水资源仅占2.5%，其中只有大约1/3的淡水资源可供人类使用。超过半数的可用水资源已经用于人类生产生活，并且随着农业、工业、生活需求的不断增长而增加。

用水结构表征了一个国家或地区的农业、工业、生活和生态用水的水量分配情况，以及用水比重之间相互依存、相互影响的结合方式。用水结构随时间发展及地域变化的不同而不同：远古时期，主要是人类饮用水的基本生存需求；农业革命时期（距今约一万年），是人类生存与农业灌溉用水；工业革命时期（18世纪后期开始），涉及人类与大规模资源开发与经济扩张的需水；现代技术革命时期（20世纪40年代开始），随着战后人口恢复增长与经济复兴，人口、环境、经济争水局面形成[1]，这一时期的水资源开发利用仅考虑经济、社会和技术三方面的因素，而未纳入生态环境因素[2]；自20世纪90年代开始，水资源紧缺的趋势日益明显，资源开发用水逐渐减弱，生态环境用水和水资源利用可持续发展开始受到重视[3]。用水结构的合理演变可以保证国家或地区经济社会的可持续和协调发展，是水资源可持续发展的必要条件。用水结构是相对用水对象而言，1980年统计数据表明，全球水资源的利用量总体为3240km^3，其中农业、工业和生活用水所占比例分别为69%、23%和8%。世界各地用水量差异极大，在工业发达的欧洲，用水量仅54%用于农业，而在亚洲和非洲，农业用水占81%以上。近几十年，用水量每年递增4%～8%，发展中国家增幅最大，工业化国家的用水状况趋于稳定。之前，俄罗斯国家水文研究所将用水结构分为农业用水、市政用水、工业用水和水库蒸发，统计出1900～1995年世界人口和用水结构的水量变化，并预测了2000年、2010年和2025年的用水变化趋势（图6.1）。世界范围内，人口增长迅速，农业为主要的用水经济体，农业用水量显著上升，并且远远大于其他经济体的用水量。其他经济体用水量也呈上升趋势，但与农业用水相比，增长量和增长率均偏低。各个国家的发展轨迹不同以及经济状况不同，用水结构的发展变化也不同。例如，经济较发达、以工业发展为主的欧洲国家，工业用水量持续上升，工业用水比重在15%～25%；而在经济相对欠发达的亚洲和非洲，工业用水量虽然也波动增加，但是与其他用水经济体相比，用水比重极低。在非洲，1900～1995年工业用水比重均不足1%，预计2025年工业用水比重达1.3%。在亚洲，1995年工业用水比重为2.3%，而同年农业用水比重为91.1%。自1900年开始，农业用水比重呈下降趋势，比重由97%下降到1995年的84%，但是预计2025年农业用水比重仍高达81%，各地区的农业用水量如图6.2所示。近几十年，农业用水量每年递增4%～8%，发展中国家增幅最大，工业化国家的农业用水状况趋于稳定。

在我国，水资源短缺和水体污染等一系列问题的出现，使得用水的安全性和保证率持续偏低，因而合理调整用水结构是使得有限水资源效益最大化的有效手段之一。我国的用水结构包括农业用水、工业用水、生活用水和生态用水(农业用水和工业用水统称为生产用水)。无论从主观认识还是实际发展，均可说明用水结构及其变化能够反映出一个国家或地区的科技水平、经济发展和社会文明程度。一般来说，农业用水比重大，说明农业为其主要产业并且农业科技相对落后；工业用水比重大，说明工业发展程度发达；生活用水和生态用水比重大，说明文明程度和生活质量较高。农业、工业、生活和生态作为用水的四大常规部门，使用的水量和比重变化直接影响着用水总量。作为用水大户的农业，其用水量对农业用水效率和效益有较大影响，我国农业用水结构日趋合理，农业用水比重持续减少，农、林、牧、渔用水及粮、经、饲作物用水比例协调程度不断提高[4]。自2003年开始，我国将生态用水纳入用水统计，表明我国对水的生态功能越来越重视，用水结构趋于完善。我国用水结构变化如图6.1和图6.2所示。只有建立合理的水资源利用结构，才能保持水资源系统的良性循环，使有限的水资源利用达到效益最大化。

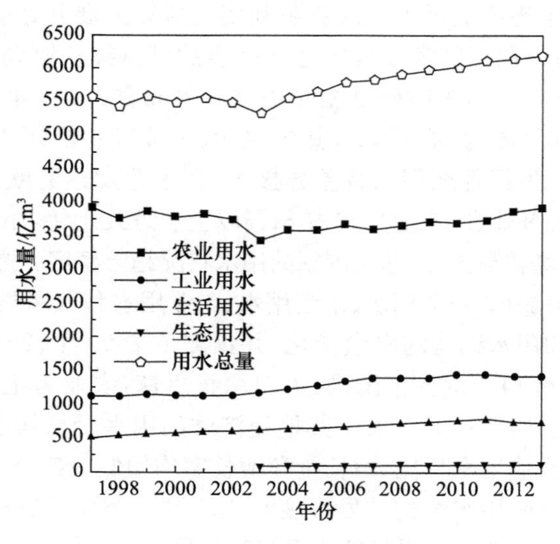

图6.1　我国用水量变化

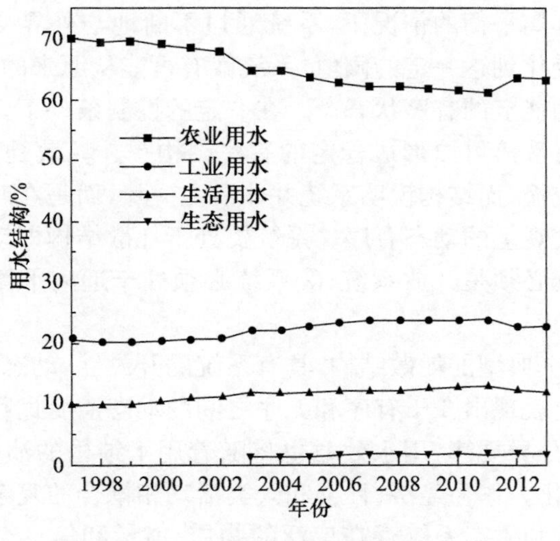

图 6.2　我国用水结构变化

6.2　用水结构演变的理论模型

在信息论中，信息熵是系统无序程度的度量，信息是系统有序程度的度量，两者绝对值相等，符号相反。借鉴信息熵的概念对用水结构动态演变过程进行分析，信息熵值的大小反映了用水结构类别的多少和各类别用水量分布的均匀程度。

6.2.1　用水结构的耗散性

有序现象和无序现象是自然界普遍存在的一对矛盾，在一定条件下可以相互转化，其转化可以看成是系统的演变行为，而且是系统更高级的演变行为。热力学第二定律指出孤立系统（与外界既无物质交换也无能量交换的系统）的演变过程是非平衡态通过无限长时间达到最均匀的无序状态即平衡态，此时系统变成一种最无序、宏观不变的死结构。热力学第二定律揭示出自然界从有序向无序的演变过程。然而，生物学的进化论证明生物进化的方向是由简单到复杂、由低级到高级，即是朝着有序的方向发展。表面看来，似乎物理、化学系统遵循热力学第二定律，具有增大熵和减小序的倾向，而生物系统则不受热力学第二定律制约，它可以朝减小熵和增大序的方向发展。物理学的演变规律和生物学的进化规律形式上矛盾最终统一到新的热力学理论——1969 年比利时物理化学家普利高津（Ilya Prigogine）提出的耗散结构理论。

耗散结构是在远离平衡区的非线性系统中所产生的一种稳定化的自组织结

构,即在开放并且远离平衡的情况下,系统通过不断地与外界交换物质、能量和信息,一旦某个参量变化到达一定的阈值,系统就有可能从原来的无序状态自发转变到在时间、空间和功能上的有序状态[5]。在一定的控制条件下,由于系统内部非线性的相互作用,通过涨落可以形成稳定的有序结构[6]。耗散是指系统与外界有物质、能量和信息的交换,而结构说明系统并非混沌一片,而是在时间、空间和功能上相对有序,表现为宏观上的动态有序。系统要处于耗散结构即动态有序,需满足四个基本条件:①系统必须是开放系统;②系统必须处于远离平衡状态;③非线性相互作用;④涨落现象[7]。

用水系统是一个典型的耗散结构,具有系统的开放性、动态性和远离平衡态等基本特性,在时间上表现出介于有序和无序之间的动态演变过程,在空间上也随地域和经济状况存在分异规律,用水效益也将随着用水结构的演变及水资源在不同产业间的流动而变化。作为经济、社会和人类活动相耦合的复杂系统,用水结构与人类社会、经济系统和生态系统存在广泛的物质、能量和信息交换,并且在交换的过程中不断增加本身的结构和功能,有序度不断增强。用水量的输入和输出,是用水结构与外界之间最基本的交流方式,用水结构的变化,是经济社会发展和产业结构调整的重要外在表现。信息熵是反映系统结构的重要状态特征量,在用水结构中引入信息熵的概念来分析其演变过程,熵值的大小反映了用水结构类别的多少和各类别用水量分布的均匀程度。一般来说,信息熵值越小,用水结构的有序程度越高;反之亦然。目前,土地利用结构和能源消费结构的演变趋势已有研究,如对于土地利用结构分析,信息熵自沿海向内陆递减[8],大城市土地利用结构的信息熵值高于小城市,综合性城市的信息熵值高于专业化城市[9];对于城市居民能源消费结构分析,随着城市规模的扩大,信息熵会出现先增加后减少的倒 U 形曲线变化规律。总体来说,我国中等城市、大城市和特大城市目前都处在倒 U 形曲线的左侧,而超大城市已经越过转折点进入右侧[10]。这些研究和演变趋势对土地利用结构调整和能源战略发展均有重要的现实意义。作为同能源和土地资源一样必需且稀缺的水资源,用水结构的演变过程也应该有规律可循。

用水结构符合耗散结构的基本特征。首先,用水结构是一个开放的大系统,水资源利用凝聚着人类的社会实践活动,系统需要新陈代谢,必须要与外界不断地进行物质流、能量流和信息流的交换;其次,用水结构远离要素均匀、单一、结构无序的平衡态,用水部门之间对于有限的水资源存在“竞争”,这种“竞争”是一种非平衡态,通过干预使用水结构在时间、空间和功能分布上保持动态有序;再次,用水结构具有“资源—经济—社会—生态”耦合的复杂性,各用水部门之间存在相互制约、相互促进的错综复杂的关系;最后,用水结构是由大量子结构构成,自然和社会等外界因素干扰会使结构发生变化,当变化幅度达到一定程度时,结构就会产生突变,从而跃入新的更有序的耗散结构,推动结构不断发展。

作为一种非孤立结构，用水结构的耗散性说明其演变趋势是一个动态过程，通过自组织和内部协调，逐步从混沌无序的状态向空间、时间和功能低度有序进而高度有序的状态演变。耗散结构中，把支配其他变量变化，进而主宰结构整体演变过程的参量称为序参量，其大小决定有序度的高低。对用水结构而言，经济、社会和环境功能都是以用水量来体现，所以在研究用水结构的演变和有序度时，可以将用水量作为序参量。

6.2.2　信息熵测算模型

为定量描述热力学第二定律，1850 年克劳修斯(Rudolph Clausius)引入熵的概念，一个系统的熵等于该系统在一定过程中所吸收(或耗散)的热量除以它的热学力温度。只要有热量从系统内的高温物体流向低温物体，系统的熵就会增加。对于孤立系统，当其内部发生可逆过程时，系统的熵保持不变；发生不可逆过程时，系统的熵总是增加，这就是“熵增加原理”[11]。熵是一个状态函数，其改变量仅与起始和终止状态有关，而与热力学路径无关。孤立系统的熵总是随着系统自发过程的进行而增加的，一旦系统达到了平衡，其宏观状态便不再变化，此时，熵亦不再增加。从宏观意义上讲，熵是系统接近平衡态的度量。熵的定义仅能描述宏观过程的不可逆性，却不能反映系统内部的结构变化特征。

1877 年，玻尔兹曼(Ludwig Boltzmann)把熵与概率联系起来，指出一切自发过程，总是从概率小的状态向概率大的状态变化，从有序向无序变化，并给出熵与无序度(即某一个客观状态对应的微观态数或者宏观态出现的概率)之间关系的玻尔兹曼公式，即

$$S = f(\Omega) = k\ln\Omega \tag{6.1}$$

式中，$k=1.38\times10^{-23}$ J/K，称为玻尔兹曼常量；Ω 为系统的微观态数。系统的熵与它的微观态数呈正比，微观态数越多，说明系统越混乱，越无秩序。因此，从宏观角度看，熵是系统无序性(即混乱度)的一种度量。

为了与热力学过程有所区别，1948 年，香农(Claude Shannon)把熵的概念引入信息论，称为信息熵，描述系统的不确定性、稳定程度和信息量[12]。信息是熵的对立面，因为熵是系统混乱度或无序度的度量，但获得信息却是不确定度减少，即减少系统的熵。对于一个不确定系统可能处于不同状态，每种状态出现的概率为 $p_i(i=1,2,\cdots,n)$，则该系统的信息熵定义为

$$H = -\sum_{i=1}^{n}(p_i\ln p_i) \tag{6.2}$$

用水结构作为复杂的巨系统，演变过程处于有序和混沌之间。从系统论观点来说，用水结构演变的本质即是依靠系统内物质流、能量流和信息流迁移转化完成

的自组织过程。用水结构的演变具有阶段性,并且与经济社会发展密切相关:经济欠发达地区以农业用水为主的初级阶段,随经济社会和工业发展,工业用水量增大,农业用水量相对减少的中间阶段,人口增加和生活质量提高带来的生活用水量和生态用水量增加,农业用水量、工业用水量、生活生态用水量趋于均衡的高级阶段[13]。从这个角度分析,可以借鉴信息熵的概念对用水结构动态演变过程进行定量分析,信息熵值的大小反映了用水结构类别的多少和各类别用水量分布的均匀程度。

假设在一定时间尺度内,水资源的用水总量为 Q,共有 n 种用水类型(x_1, x_2,…,x_n),每种类型对应的用水量为(q_1,q_2,…,q_n),每种类型用水量占用水总量的比重为(p_1,p_2,…,p_n),其中 $p_i=q_i/Q$ 并满足 $\sum p_i=1$,且对所有的 i 有 $p_i\neq 0$,则用水结构的信息熵可定义为

$$H=-\sum_{i=1}^{n}(p_i\log p_i) \tag{6.3}$$

式中,H 为信息熵,为了计算方便,这里取自然对数 ln,单位为奈特(nat),反映了水资源利用的多样性。当水资源没有开发利用时,其多样性指数为 0,即 $H_{\min}=0$;反之,当开发成熟,各类用水趋于稳定、均匀,即 $q_1=q_2=\cdots=q_n=Q/n$ 时,多样性指数最大,即 $H_{\max}=\ln n$。由此可见,用水类型越多,各类型内的用水量相差越小,则熵值越大。

在实际应用中,不同的发展阶段包含不同的水资源利用类型,如随着对环境和生态保护的重视,将生态用水单列纳入用水结构,这样计算用水结构的信息熵时,数值缺乏可比性,因此,引入均衡度的概念。

$$J=\frac{H}{H_{\max}}=-\sum_{i=1}^{n}\frac{p_i\ln p_i}{\ln n} \tag{6.4}$$

式中,J 为均衡度,$0\leqslant J\leqslant 1$,其值为实际熵值与最大熵值之比,其值越大,表明用水结构中单一用水类型的优势性越弱,各用水类型之间的比例差别越小,系统均衡性越强。借助信息熵和均衡度,可以探索用水结构的动态演变规律。

6.3 河南省用水演变过程

6.3.1 用水量变化

2003～2013 年,河南省用水除生活用水变化平稳之外,用水总量、农业用水量、工业用水量和生态用水量均有不同程度的增长,增幅分别为 28.2%、24.9%、48.8%、158.0%,生态用水量增幅最大。

河南省辖郑州、开封、洛阳、平顶山、安阳、鹤壁、新乡、焦作、濮阳、许昌、漯河、三门峡、南阳、商丘、信阳、周口、驻马店等 17 个地级市,济源 1 个省直管市。各城

市受自身经济、社会、水资源的影响，历年用水变化趋势有所不同。纵向比较各城市 2003～2013 年用水情况，其变幅如表 6.1 所示。

表 6.1　河南省各城市 2003～2013 年用水演化过程

类别	变幅	城市
农业用水	上升	濮阳(＋24.6%)、焦作(＋18.3%)、三门峡(＋27.2%)、洛阳(＋11.9%)、开封(＋22.3%)、商丘(＋52.1%)、漯河(＋65.1%)、周口(＋108.8%)、驻马店(＋43.9%)、信阳(＋30.8%)、南阳(＋50.7%)、济源(＋61.8%)
	下降	安阳(－2.0%)、鹤壁(－14.2%)、新乡(－11.5%)、郑州(－38.0%)、许昌(－25.1%)、平顶山(－31.7%)
工业用水	上升	鹤壁(＋1.9%)、濮阳(＋30.9%)、新乡(＋38.0%)、焦作(＋57.5%)、三门峡(＋37.3%)、洛阳(＋57.2%)、郑州(＋52.2%)、开封(＋116.6%)、商丘(＋86.9%)、许昌(＋33.7%)、平顶山(＋151.6%)、漯河(＋81.8%)、周口(＋54.4%)、驻马店(＋84.6%)、信阳(＋108.5%)、济源(＋32.8%)
	下降	安阳(－10.8%)、南阳(－7.7%)
生活用水	上升	安阳(＋19.9%)、鹤壁(＋23.9%)、濮阳(＋88.1%)、新乡(＋32.7%)、焦作(＋14.9%)、三门峡(＋20.6%)、郑州(＋90.9%)、开封(＋9.9%)、商丘(＋26.4%)、许昌(＋54.1%)、周口(＋64.6%)、驻马店(＋15.9%)、信阳(＋48.1%)、南阳(＋49.0%)、济源(＋69.6%)
	下降	洛阳(－0.39%)、平顶山(－2.1%)、漯河(－15.4%)
生态用水	上升	安阳(＋713.4%)、鹤壁(＋130.0%)、濮阳(＋1681.1%)、新乡(＋36.0%)、焦作(＋30.1%)、郑州(＋451.1%)、开封(＋2.7%)、商丘(＋273.3%)、平顶山(＋21.3%)、漯河(＋171.5%)、周口(＋119.6%)、驻马店(＋37.9%)、信阳(＋81.0%)、南阳(＋84.7%)
	下降	三门峡(－42.9%)、洛阳(－34.9%)、许昌(－47.3%)、济源(－86.5%)

注：括号数据为 2003～2013 年的增长率或下降率，“＋”为增长，“－”为下降。

由表 6.1 可知，在河南省的 18 个城市中，大部分城市的农业、工业、生活和生态用水在 2003～2013 年递增，个别城市的用水量递减。如农业用水，有 6 个城市用水量减少，主要分布在河南省中部偏北；安阳和南阳的工业用水量减少，分布在河南省的北端和南端；生活用水中，洛阳、平顶山和漯河用水量减少，分布在河南省南部；生态用水量减少的 4 个城市主要分布在河南省西部，分别为三门峡、洛阳、许昌和济源。

以 2013 年为例，横向比较各城市用水差异，结果如图 6.3 所示(图中城市名用拼音首字母代替)。2013 年新乡的农业用水量最高，为 13.902 亿 m^3，比农业用水量最低的济源高出 756%。平顶山的工业用水量居首，比工业用水量最低的济源高出 1151%。平顶山是国家重要的能源原材料工业基地，工业用水量从 2003 年的 3.156 亿 m^3 提高到 2013 年的 7.943 亿 m^3，而工业万元产值用水量却从 169.47m^3/

万元下降到 95.03m³/万元。说明水资源对该市工业发展起到积极促进作用的同时，该市也不断改进工业水资源利用技术，提高水资源重复利用率。郑州的生活用水量和生态用水量均最高，分别比济源高出 1530%和 101585%(济源 2013 年生态用水量为 0.002 亿 m³)。

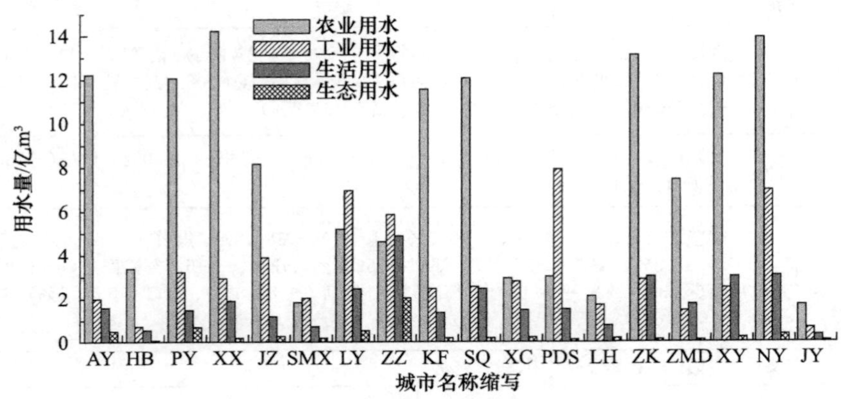

图 6.3 2013 年各城市用水量比较

6.3.2 用水结构演变

根据信息熵和均衡的概念，对河南省 2003～2013 年用水结构进行定量计算，结果如表 6.2 和图 6.4 所示。

表 6.2 2003～2013 年河南省用水构成、信息熵和均衡度

年份	农业用水/%	工业用水/%	生活用水/%	生态用水/%	信息熵	均衡度
2003	60.42	21.29	17.04	1.25	0.990	0.714
2004	62.06	20.01	16.13	1.80	0.985	0.710
2005	57.89	23.19	16.99	1.93	1.033	0.745
2006	61.75	21.29	15.23	1.74	0.984	0.710
2007	57.37	24.51	15.64	2.47	1.045	0.754
2008	58.67	22.59	15.31	3.43	1.052	0.759
2009	59.09	22.89	15.31	2.70	1.033	0.745
2010	55.91	24.74	16.08	3.27	1.076	0.776
2011	57.04	24.80	13.67	4.49	1.077	0.777
2012	56.77	25.36	13.42	4.45	1.077	0.777
2013	58.88	24.71	13.89	2.52	1.024	0.739

注：数据源自 2003～2013 年《河南省水资源公报》。

河南省用水结构信息熵发展呈倒 U 形，2003 年为 0.990，经持续波动，于 2013 年增长为 1.024。其间，2011 年和 2012 年，信息熵达到极值 1.077。2003～2008 年，信息熵波动上升，用水结构有序度降低，无序度上升，与此同时均衡度增加，用

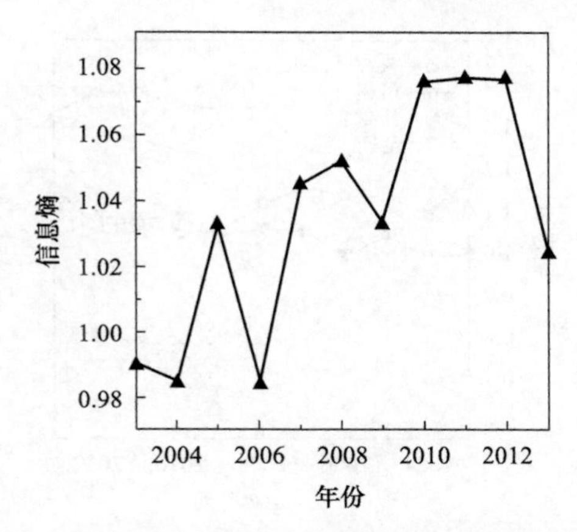

图 6.4　2003～2013 年河南省用水系统信息熵动态变化

水结构整体向无序和均衡方向发展。其原因是占绝对优势的农业用水比重在调整过程中波动下降,工业用水和生活用水不断上升,用水类型间差异不断缩小。2009～2013 年,信息熵上升收敛并回落。信息熵经历小幅波动上升后收敛呈现缩小的态势,用水结构通过自组织逐渐向有序化发展。

综上,从整体的角度,综合分析全省用水结构信息熵的动态演化趋势。细化研究范围,分析全省 17 个地级市,1 个省直管市的用水情况和信息熵变化。大部分城市的信息熵集中在 0.75～1.15 波动,高于该范围的有郑州、洛阳和许昌,其中以郑州最高;低于该范围的有鹤壁和开封,以开封最低;南阳市的信息熵发展过程接近于全省平均水平。

选取郑州、漯河和开封为典型城市(三个城市分别代表经济高、中、低地区),分析其用水结构和信息熵变化的内在联系。典型城市与全省用水比重和信息熵变化如表 6.3 和图 6.5 所示。

表 6.3　2003～2013 年典型城市与全省用水比重和信息熵变化

名称	区域特征	农业用水比重范围/%	农业、工业、生活、生态用水平均比例/%	信息熵变化范围
郑州	经济高发达地区	20～52	36∶30∶21∶13	1.09～1.37
漯河	经济中发达地区	35～55	43∶38∶17∶2	1.04～1.16
开封	经济低发达地区	72～84	78∶12∶9∶1	0.61～0.80
全省		55～62	59∶23∶15∶3	0.98～1.07

河南省是农业大省,农业自身有耗水量大、产出低的特点,农业用水占用水总量的 60%左右,但是对于省内经济相对发达的地区,农业用水比重偏小,同时因为更注重生活质量,所以生活用水比重较高,如郑州 2013 年生活用水比重达到 29%,远远高于 2013 年全省平均水平(2013 年全省平均生活用水比重为 13%)。农业用

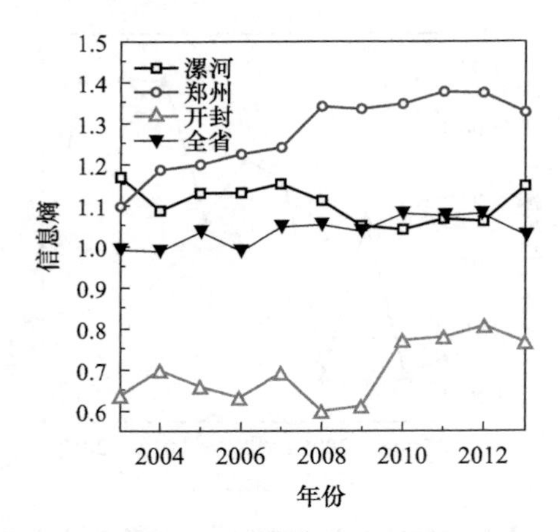

图 6.5　2003～2013 年典型城市用水系统信息熵动态变化

水优势性的降低，各用水类型间差别缩小，用水结构均衡性增强，信息熵值偏大。

纵观典型城市，郑州、开封和全省的信息熵演变趋势相近，均为波动上升，于 2013 年收敛，漯河波动上升后，于 2009～2012 年持续偏低，在 2013 年升高。信息熵值整体为郑州＞漯河＞开封，即经济发展水平越高，信息熵越高。这是因为，经济相对发达的地区，用水类型之间差别缩小，用水类型均衡。相对于工业、生活和生态用水，农业用水产出处于劣势，并且在经济欠发达地区农业用水效率低下，大量的农业用水投入产生的效益却不显著，投入-产出极不成比例。因此，应该以提高农业用水效率为前提降低农业用水，增加工业、生活和生态用水，适当提高用水结构的信息熵和均衡度，使得用水结构更稳定，从而以较大的用水产出拉动当地经济发展。

6.4　河南省用水演变驱动力分析

6.4.1　驱动力指标

用水结构的演变一定程度上受用水效益的驱使，其演变朝着“趋利”的方向，由产出低的产业流向产出高的产业，涉及具体的因素指标则错综复杂，如人口、经济、社会和技术及其之间的内在联系等。分析用水结构演变驱动力时，选择的影响指标应该细而全，但是指标过多会加大分析难度，并且指标间具有相关性。需要说明的是，降水量是影响水资源储量的一个重要因素，而从用水需求的角度考虑，降水量对用水结构的影响不是很大，所以在此没有考虑降水量这一因素。因此，根据主成分分析的思路，采用《河南省统计年鉴》中可获取的数据，从人口增长、经济发展和社会进步三个方面，选取 12 项指标构建影响用水结构演变的驱动力机制，如

图 6.6 所示。

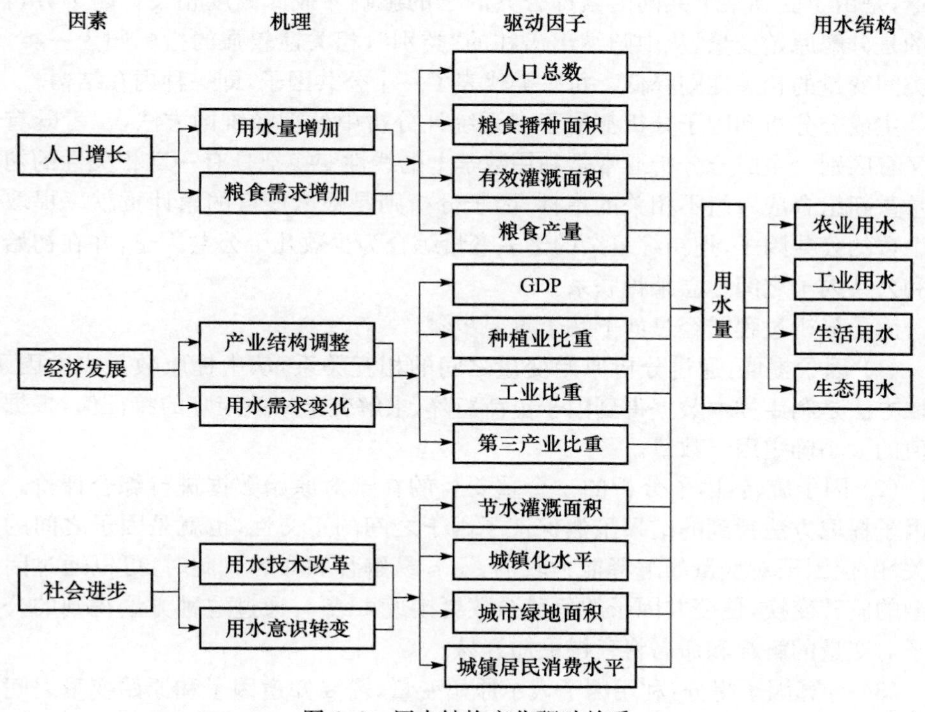

图 6.6　用水结构变化驱动关系

其中，种植业比重＝农业总产值/农林牧渔业总产值；工业比重＝工业产值/第二产业产值；第三产业比重＝第三产业产值/国内生产总值；城镇化水平＝城镇人口/总人口。

6.4.2　驱动力分析

主成分分析的本质是通过对原有变量系统进行线性变换和舍弃一部分信息，将高维变量系统进行综合和降维，将多个相关联的数值指标转化成少数几个互不相关的综合指标的统计方法，即用较少的指标来代替和综合反映原来较多的信息，这些综合后的指标就是原来多指标的主要成分。因子分析是主成分分析的推广和发展，也是利用降维方法进行统计分析的一种多元统计方法，其基本思想是把联系比较紧密的变量归为一个类别，而不同类别的变量之间的相关性则较低。在同一个类别内的变量，可以想象是受到了某个共同因素的影响才彼此高度相关的，这个共同因素也称为公共因子，公共因子是潜在并且不可观测的。因子分析反映了一种降维的思想，通过降维将相关性高的变量聚在一起，这样不仅便于提取容易解释的特征，而且降低了需要分析的变量数目和问题的复杂性[14]。在同一个类别内的变量，是由于受到某个共同因素即公共因子的影响才彼此高度相关。因子分析的目的是分解原始变量，从中归纳出潜在的“类别”，相关性较强的指标归为一类，不同类间变量的相关性则降低。每一类代表了一个公共因子，即一种内在结构。

主成分分析和因子分析都属于多元统计分析中处理降维的方法，二者既有联系又有区别。主成分分析通常是利用数学上的线性变换把具有一定相关性的初始变量重新组合成一组不相关的指标；因子分析则是根据变量的累计贡献率提取一定个数的公共因子，把错综复杂的诸多变量综合为少数几个公共因子，并在初始变量和公共因子之间建立某种联系。

因子分析过程需经过如下几个重要步骤。

(1) 因子提取：通过分析原始变量之间的相互关系，从中提取数量少的因子。提取方法是利用样本数据得到因子负荷矩阵，求解变量相关矩阵的特征值，根据特征值的大小确定因子数量。

(2) 因子旋转：因子分析的一个重要目的在于对原始数据进行综合评价。利用因子提取方法得到的结果虽然保证了因子之间的正交性，也就是因子之间的不相关性，但因子对变量的解释能力较弱，不容易解释和命名。此时，可以通过因子模型的旋转变换，使公共因子的负荷系数更接近 1 或 0，通过这种方法得到的公共因子对变量的解释和命名将变得更加容易。

(3) 计算因子得分：利用因子表示原始变量，需要知道因子和原始变量之间的线性关系，所以需要计算因子得分。计算方法有回归法、巴特利特法和 Anderson-Rubin 法[15]。根据 12 个因子指标建立数据矩阵，利用统计软件 SPSS 分析，计算各驱动因子的特征值、对用水系统的贡献率和累计贡献率及公共因子方差，最后利用正交矩阵的特征得出旋转之后的成分矩阵。

表 6.4 显示前两个主成分的特征值大于 1，累计贡献率为 93.892%，即约为 94%的总方差可以由这两个主成分解释。通过因子提取，每一个变量的公共因子方差均在 0.5 以上，所选指标其他都超过 0.8，多数超过 0.9，说明这两个主成分能够较好地反映客观原变量的大部分信息，如表 6.5 所示。由此得出主成分的成分矩阵，见表 6.6。

表 6.4 特征值和主成分贡献率

成分	初始特征值			提取平方和截入		
	特征值	方差/%	累计贡献率/%	特征值	方差/%	累计贡献率/%
1	8.447	70.395	70.395	8.447	70.395	70.395
2	2.820	23.497	93.892	2.820	23.497	93.892
3	0.317	2.641	96.533	—	—	—

续表

成分	初始特征值			提取平方和截入		
	特征值	方差/%	累计贡献率/%	特征值	方差/%	累计贡献率/%
4	0.288	2.402	98.935	—	—	—
5	0.065	0.544	99.479	—	—	—
6	0.039	0.323	99.802	—	—	—
7	0.020	0.164	99.966	—	—	—
8	0.004	0.034	100.000	—	—	—
9	5.077×10^{-5}	0.000	100.000	—	—	—
10	3.618×10^{-16}	3.015×10^{-15}	100.000	—	—	—
11	-2.168×10^{-16}	-1.807×10^{-15}	100.000	—	—	—
12	-3.593×10^{-16}	-2.994×10^{-15}	100.000	—	—	—

注:提取方法为因子分析法。

表6.5　公共因子方差

因子	公共因子方差	因子	公共因子方差
人口总数	0.990	工业比重	0.826
粮食播种面积	0.947	第三产业比重	0.864
有效灌溉面积	0.921	城镇化水平	0.986
粮食产量	0.936	节水灌溉面积	0.988
GDP	0.996	城市园林绿地面积	0.965
种植业比重	0.853	城镇居民消费水平	0.995

注:提取方法为因子分析法。

表6.6　成分矩阵

因子	成分		因子	成分	
	1	2		1	2
人口总数	0.994	−0.053	工业比重	0.890	−0.187
粮食播种面积	−0.472	0.851	第三产业比重	0.819	−0.440
有效灌溉面积	0.932	0.229	城镇化水平	0.990	−0.074
粮食产量	0.373	0.893	节水灌溉面积	0.992	0.067
GDP	0.947	0.315	城市园林绿地面积	0.980	0.069
种植业比重	−0.894	0.234	城镇居民消费水平	0.951	0.300

由表6.4和表6.6,可以得出河南省用水结构演变的驱动力因子:①第一主成分的贡献率为70.395%,以人口总数、有效灌溉面积、GDP、种植业比重、工业比重、第三产业比重、城镇化水平、节水灌溉面积、城市园林绿地面积和城镇居民消费水平对第一主成分的贡献率较大,这些因子反映河南省用水变化与人口增长、节水技术和产业结构密切关联,将其定义为经济社会发展因子;②第二主成分与粮食播

种面积和粮食产量有较大关系，说明农业结构对用水的影响较大，将其定义为农业结构因子，因子贡献率为 23.497%。因此，影响河南省用水结构演变的主要驱动力可归纳为两类：经济社会发展因子和农业结构因子，其中前者影响更为显著。河南省用水结构的成分得分系数矩阵如表 6.7 所示，成分得分系数矩阵的意义与成分矩阵相近。

表 6.7 成分得分系数矩阵

因子	成分		因子	成分	
	1	2		1	2
总人口 x_1	0.118	−0.019	工业比重 x_7	0.022	−0.316
粮食作物播种面积 x_2	−0.056	0.302	第三产业比重 x_8	0.097	−0.156
有效灌溉面积 x_3	0.110	0.081	城镇化水平 x_9	0.117	−0.026
粮食产量 x_4	0.044	0.317	节水灌溉面积 x_{10}	0.117	0.024
GDP x_5	0.112	0.112	城市园林绿地面积 x_{11}	0.116	0.024
种植业比重 x_6	−0.106	0.083	城镇居民消费水平 x_{12}	0.113	0.106

根据成分得分系数矩阵可以确定两个主成分与各指标值的关系式，如下：

$$F_1=0.118x_1-0.056x_2+0.110x_3+0.044x_4+0.112x_5-0.106x_6+0.022x_7+0.097x_8+0.117x_9+0.117x_{10}+0.116x_{11}+0.113x_{12}$$

$$F_2=-0.019x_1+0.302x_2+0.081x_3+0.317x_4+0.112x_5+0.083x_6-0.316x_7-0.156x_8-0.026x_9+0.024x_{10}+0.024x_{11}+0.106x_{12}$$

第一主成分的贡献率为 70.395%，第二主成分贡献率为 23.497%，把各个主成分的得分和相应的贡献率加权就可以得出河南省用水结构驱动力因素综合评价多元线性回归公式：

$$\begin{aligned}F&=0.70395F_1+0.23497F_2\\&=0.079x_1+0.031x_2+0.096x_3+0.105x_4+0.105x_5-0.055x_6-0.059x_7\\&\quad+0.032x_8+0.076x_9+0.088x_{10}+0.087x_{11}+0.104x_{12}\end{aligned}$$

由此，影响河南省用水结构较大的指标有人口总数、有效灌溉面积、粮食产量、GDP、节水灌溉面积、城市园林绿地面积和城镇居民消费水平。

6.5 小　　结

(1) 河南省 2003～2013 年用水量除生活用水量变化平缓外，总用水量、农业用水量、工业用水量和生态用水量均呈增长趋势，其中以生态用水量增长最为显著，增长率达 158%。河南省所辖 18 个城市中，大多数城市用水量递增，农业用水量、工业用水量、生活用水量和生态用水量递减的城市分别集中在河南省中部偏北、南北两端、南部和西部。

（2）河南省用水结构信息熵波动上升，于 2011 年和 2012 年，信息熵达到极值 1.077，2013 年收敛为 1.024，用水结构通过自组织逐渐向有序化发展。省内大部分城市的信息熵集中在 0.75～1.15 波动。鉴于经济发达地区各用水类型间差别缩小，用水结构均衡性增强，因此信息熵值较经济低发达地区偏大。

（3）利用因子分析法，借助 SPSS 软件，分析出反映与人口增长、节水技术和产业结构相关的经济社会因子和农业结构因子是影响河南省用水结构的主要驱动因子。同时，根据成分得分系数，构建出河南省用水结构驱动力因素综合评价多元线性回归公式。影响河南省用水结构较大的因子有人口总数、有效灌溉面积、粮食产量、GDP、节水灌溉面积、城市园林绿地面积和城镇居民消费水平。基于以上分析，控制人口增长、提高经济效益、推广农业节水技术是解决河南省水问题的主要途径。

参 考 文 献

[1] 芮孝芳. 水文学原理. 南京：河海大学. 1998.

[2] Donald M, Kay D. Water Resources: Issue and Strategies. London: Scientific and Technical, 1988.

[3] 刘昌明，王洪瑞. 浅析水资源与人口、经济和社会环境的关系. 自然资源学报，2003，18(5)：635-644.

[4] 王玉宝，吴特普，赵西宁，等. 我国农业用水结构演变态势分析. 中国生态农业学报，2010，18(2)：399-404.

[5] 许国志. 系统科学. 上海：上海科技教育出版社，2000.

[6] 沈小峰，胡岗，姜璐. 耗散结构论. 上海：上海人民出版社，1987.

[7] 畅建霞，黄强，王义民，等. 基于耗散结构理论和灰色关联熵的水资源系统演化方向判别模型. 水利学报，2002，33(11)：107-112.

[8] 谭永忠，吴次芳. 区域土地利用结构的信息熵分异规律研究. 自然资源学报，2003，18(1)：112-117.

[9] 陈彦光，刘明华. 城市土地利用结构的熵值定律. 人文地理，2001，16(4)：20-24.

[10] 耿海青，谷树忠，国冬梅. 基于信息熵的城市居民家庭能源消费结构演变分析——以无锡市为例. 自然资源学报，2004，19(2)：257-262.

[11] 廖耀发. 温度与熵. 北京：高等教育出版社，1989.

[12] 李建华，傅立. 现代系统科学与管理. 北京：科学技术文献出版社，1996.

[13] 马黎华. 变化环境下石羊河流域用水结构的演变及其模拟. 杨凌：西北农林科技大学，2008.

[14] 杜强，贾丽艳. SPSS 统计分析从入门到精通. 北京：人民邮电出版社，2009.

[15] 赖国义，陈超. SPSS 17 中文版统计分析典型实例精粹. 北京：电子工业出版社，2010.

第 7 章 水资源利用边际效益核算及时空分异

7.1 概 述

从经济学角度考虑，水资源供需矛盾的加剧提高了水资源的利用效益。用水量和用水效益相互约束，用水量的多少影响用水效益的高低，用水效益又反向制约用水量在产业间的调整。长期以来，水资源价格低于边际价格的事实造成水资源的极大浪费，加剧了水资源的稀缺性，导致有限水资源和无限水需求之间的矛盾越来越尖锐，使人们在水资源利用过程中的利益冲突持续升级。如何使有限水资源合理配置至各用水部门并优化水资源投入产出结构，是目前水资源配置、有效提高水资源利用边际效益和规模效益需要关注的问题。

由于用水行为、用水方式、用水结构、用水水平及受重视程度不同，农业、工业和生活水资源利用效益存在很大差异[1,2]。从水资源利用效益的观点研究区域用水行为，反映水作为一种资源在人类社会经济活动和生态系统维持方面的促进作用，实现微观资源利用的高效率和宏观资源配置的高效益。“以供定需”的水资源管理模式、水生态文明建设和节水型社会建设均将紧密围绕水资源利用效益研究展开。

基于生产函数法的北京市工业用水边际效益[3]及河北省农业用水边际效益[4]已被测算。之后，黄河流域农业和非农业用水部门边际效益[5]、黑河流域张掖地区工农业用水边际效益[6]、辽宁省 GDP 用水边际效益[7]、吉林省白城地区农业用水边际效益[8]及辽宁省沿海经济带农业、工业和第三产业用水边际效益[9]均被测算。现有研究多以水资源利用综合效益或单一产业用水产出效益核算为主，并且以分析农业和工业用水产出居多。仅有少量文献全面分析各产业用水边际效益，如盖美等[9]的研究对辽宁沿海经济带水资源决策具有理论指导意义，但是，不同地区的经济社会发展状况和用水侧重不同，产生的用水效益大小及规律也不尽相同。

利用水资源的经济属性和社会属性，将水资源作为生产要素纳入市场经济体制，以求得符合经济发展规律的水资源优化配置方式。在多种生产函数中，科布-道格拉斯生产函数(以下简称 C-D 函数)因其经济意义明确，计算简单而得到广泛应用。明确河南省水资源投入产出现状，核算水资源利用农业、工业和生活用水边际效益且对 18 个所辖城市进行时空差异分析，并分析用水边际效益与经济发展水平的关系，对河南省水资源可持续利用具有重要意义。

7.2 用 水 概 况

河南省位于我国中东部、黄河中下游，介于北纬 31°23′～36°22′、东经 110°21′～116°39′，辖郑州、开封、洛阳、平顶山、安阳、鹤壁、新乡、焦作、濮阳、许昌、漯河、三门峡、南阳、商丘、信阳、周口、驻马店等 17 个地级市，济源 1 个省直管市。山地、丘陵、平原、盆地等复杂多样的土地类型为农、林、牧、渔业的综合发展提供了有利的条件。

河南省横跨黄河、淮河、海河、长江四大水系。2013 年全省水资源总量为 215.2 亿 m^3，其中，地表水资源量为 123.8 亿 m^3，地下水资源量为 147.1 亿 m^3，重复计算量为 55.7 亿 m^3[10]。全省人均用水量为 256m^3/人，与国际上 1000m^3/人作为生存的最低要求线相比，河南省已是水资源严重匮乏区。水资源时空变化均较大。时间上，以郑州为例，2006 年人均水资源量为 160m^3/人，而 2013 年为 110m^3/人，7 年间减少了 31%；空间上，各市人均水资源量也存在明显差异，2013 年人均水资源量最多的三门峡为 498m^3/人，相对最少的郑州仅为 110m^3/人，不及三门峡的 1/4。

2013 年河南省农业、工业、生活和生态用水比重分别为 58.88%、24.71%、13.89%和 2.52%，与全国同期数据相比（63.42%、22.74%、12.13%和 1.71%），除农业用水比重较低，其余均高于全国平均水平，尤其是生态用水比重高出全国平均水平约 47.37%。

7.3 河南省尺度水资源利用边际效益及水价分析

7.3.1 边际效益

计算中涉及的经济指标，如产业产值、就业人员和产业投资均取自《河南省统计年鉴》(2004～2014 年)。应用纳入水资源要素 C-D 函数，利用 SPSS 进行线性回归分析，计算出河南省农业、工业、生活用水边际效益。

通过模型拟合，农业、工业、生活用水的模型相关系数 R 分别为 0.979、0.990 和 0.986，通过方差分析，具有显著意义，模型拟合精度良好。用水边际效益计算结果如表 7.1 所示。

表 7.1　河南省农业、工业和生活用水边际效益

年份	农业(0.116)		工业(0.759)		生活(0.057)	
	单方用水产出率/(元/m^3)	边际效益/(元/m^3)	单方用水产出率/(元/m^3)	边际效益/(元/m^3)	单方用水产出率/(元/m^3)	边际效益/(元/m^3)
2003	10.94	1.27	75.96	57.65	70.60	4.02
2004	13.23	1.54	96.17	72.99	81.94	4.67

续表

年份	农业(0.116)		工业(0.759)		生活(0.057)	
	单方用水产出率/(元/m^3)	边际效益/(元/m^3)	单方用水产出率/(元/m^3)	边际效益/(元/m^3)	单方用水产出率/(元/m^3)	边际效益/(元/m^3)
2005	16.53	1.92	106.76	81.03	94.65	5.40
2006	14.63	1.70	124.81	94.73	107.66	6.14
2007	18.47	2.15	146.37	111.10	137.79	7.85
2008	19.92	2.31	185.72	140.96	151.29	8.62
2009	20.05	2.33	185.03	140.44	159.31	9.08
2010	25.94	3.01	215.06	163.23	183.00	10.43
2011	26.88	3.12	245.54	186.37	255.24	14.55
2012	27.83	3.23	248.17	188.36	286.03	16.30
2013	28.65	3.33	268.48	203.77	308.06	17.56

注:括号内数据为产业用水弹性系数。

纵向比较:各产业用水边际效益随时间均有不同程度的增长,表明随着社会经济的发展,有限水资源利用的资源价值越来越高。其中生活用水边际效益增幅最大,从2003年的4.02元/m^3增加到2013年的17.56元/m^3,涨幅达337%。农业和工业用水边际效益涨幅分别为162%和253%。

横向比较:受产业密集程度的制约,各产业用水边际效益相差甚大。水资源对产业产出的贡献率即用水弹性系数,工业>农业>生活,分别为0.759、0.116和0.057;农业、工业、生活多年平均用水边际效益分别为2.36元/m^3、130.97元/m^3、9.51元/m^3,比例约为1∶55∶4。水资源对工业发展的贡献率远大于对农业和生活的贡献率。一方面,河南省各产业通过调整提高水资源利用率,加大水资源对产出的贡献;另一方面,用水结构的调整、水资源在产业间的流动也是对用水效益“趋利性”的驱使。

综上分析,河南省农业、工业和生活用水边际效益均逐年增长,反映出水资源越来越高的内在价值;产业之间边际效益各有不同,以工业用水边际效益最大。

7.3.2　水价分析

现行水费低于边际价格是目前水资源浪费的原因之一,水资源的稀缺性加剧,通过政策调整水价也有上升趋势。从经济学角度考虑,水资源短缺即是水的需求大于水的供给,解决方法无非是增加供给或减少需求。河南省水资源供给主要依赖于自然降水,多年平均补给量趋于稳定,生产生活的用水需求不断增加。

农业、工业、生活多年平均用水边际效益分别为2.36元/m^3、130.97元/m^3、9.51元/m^3,而现行水价与其边际效益严重背离。河南省大部分地区农业用水价格是按照《关于加强我省水利工程水费计收和管理工作的通知》文件规定执行,以总干渠渠首进水闸为计量点，按用水量计收的为 0.04 元/m^3[11]；省内各城市工业用水水价为 3.25～3.85 元/m^3，其中郑州为 3.05 元/m^3；对于居民生活用水，河南省自 2002 年开始试点并逐步推广，2013 年，除郑州之外的 17 个城市均已实行阶梯水价，第一阶梯水价范围为 2.15（济源）～2.70 元/m^3（许昌），郑州市居民水价为 2.4 元/m^3，2014 年底河南全省实现居民用水阶梯水价。由此可见，河南省水价远远低于其边际效益，即使居民生活实施了阶梯水价，最高水价（南阳市第三阶梯水价：每户每月用水量 20m^3）为 4.10 元/m^3，不足边际效益的 1/2。

国外不少发达国家 1m^3 水的价格相当于 10～20 度电的价格，而我国大部分地区 1m^3 水的价格相当于 2～3 度电的价格。过低的水价，不仅造成水资源的严重浪费，而且使供水单位失去了扩大再生产甚至维持正常生产的能力，使得水价脱离水市场，严重背离价值规律。尽管近几年来全国平均水价一直保持稳中有升的增长态势，但仍没有按照价值规律和供求关系给水以合理定价，水价不能反映水的价值，没有起到经济杠杆的作用。我国是一个资源型缺水国家，按照供需平衡关系，稀缺的商品应该具有较高的价格，但是，由于水资源具有维持人类基本生存需要的特殊属性，以及长久以来形成的粗放式管理观念，我国各地的水价基本偏低，某些地区的水价甚至达不到供水成本，造成供水管理部门的经营难以为继。这种情况一方面降低了管理部门的管理积极性，另一方面又不利于抑制用水浪费现象。在我国国民经济迅速发展，居民收入日益提高的形势下，合理提高用水价格，用价格杠杆来抑制用水增长状况、促进水资源的高效利用是建设节水型社会的一项重要举措。

综上，在水资源赋存量已定的前提下，与水相关的政策改革，尤其是水价改革自然成为解决水问题的重点。鉴于农业用水水价改革的特殊性，从经济学领域出发，核算出的农业用水边际效益可作为借鉴。而对于用水高效益产出的工业目前并没有相应的水价改革措施，同时居民用水阶梯水价也应适时调整，以期计算结果为此提供理论依据和数据参考。

7.4　城市尺度水资源利用边际效益及时空分异

7.4.1　数据来源

数据横向覆盖河南省 18 个城市（包括 17 个地级市和 1 个直管市），纵向覆盖 2006～2013 年共 8 年。作为产出变量的产业产值及传统投入指标（如固定资产投资和从业人员），数据主要来源于《河南省统计年鉴》（2007～2014 年）及各市国民经济和社会发展统计公报等，用水量数据来源于《河南省水资源公报》（2006～2013 年）。需要说明的是，经济数据和用水数据统计范围存在差异，经济数据以产业划分，而用水数据以农业用水、工业用水、生活用水和生态用水统计，其中，生活用水除了居民生活用水外还涵盖第三产业用水，所以，计算中生活的固定资产投资和就业人数即是采用第三产业的相关数据[12]。理论上讲，生活用水边际效益计算结果的精准性要低于农业和工业，但是以此估算可以从整体上把握河南省农业、工业和生活用水效益，以及水资源在产业间的流动。

7.4.2 各城市用水边际效益

将相关数据代入C-D生产函数，利用SPSS进行双对数线性回归，得出用水弹性系数，进而计算各产业用水边际效益，计算结果如表7.2～表7.4所示。

表7.2 2006～2013年农业用水边际效益 （单位：元/m³）

地区	2006	2007	2008	2009	2010	2011	2012	2013	均值
郑州(0.688)	7.82	8.49	10.27	11.54	15.45	21.56	23.11	21.80	15.01
开封(0.116)	1.35	1.55	1.21	1.21	2.38	2.62	2.95	2.82	2.01
洛阳(0.547)	13.12	17.69	18.79	21.16	22.60	25.28	26.36	26.3	21.42
平顶山(0.454)	5.74	7.17	9.55	10.64	13.16	16.71	19.01	24.54	13.32
安阳(0.096)	0.65	0.73	1.18	1.29	1.62	1.98	1.86	1.57	1.36
鹤壁(0.311)	2.72	2.48	3.40	3.42	4.47	5.99	6.02	5.66	4.27
新乡(0.399)	2.64	3.76	4.50	4.09	5.15	6.24	6.27	5.94	4.82
焦作(0.069)	0.41	0.56	0.65	0.65	0.87	1.09	1.11	1.12	0.81
濮阳(0.657)	3.71	4.58	5.92	5.68	6.94	7.79	8.44	8.09	6.39
许昌(0.108)	2.87	4.23	6.06	5.34	6.09	6.35	5.98	6.79	5.46
漯河(0.107)	3.59	4.22	4.41	4.76	5.75	6.55	5.37	5.43	5.01
三门峡(0.122)	2.89	3.76	4.32	4.73	5.41	5.95	6.81	6.77	5.08
南阳(0.018)	0.40	0.50	0.48	0.46	0.64	0.60	0.58	0.58	0.53
商丘(0.082)	1.61	2.97	2.10	2.15	2.53	2.61	2.48	2.33	2.35
信阳(0.071)	0.86	1.75	1.36	1.47	1.70	1.87	2.17	2.44	1.70
周口(0.060)	1.23	1.30	1.34	1.34	1.55	1.76	1.85	2.04	1.55
驻马店(0.201)	5.70	6.40	6.07	6.25	6.71	6.37	6.70	10.66	6.86
济源(0.396)	2.94	3.54	4.44	3.99	3.87	6.57	4.92	5.06	4.42

注：括号内数据为用水弹性系数。

表7.3 2006～2013年工业用水边际效益 （单位：元/m³）

地区	2006	2007	2008	2009	2010	2011	2012	2013	均值
郑州(0.340)	61.35	73.78	86.20	103.09	123.96	155.03	167.81	181.42	119.08
开封(0.160)	24.78	26.06	28.16	25.67	26.62	30.98	33.90	36.58	29.09
洛阳(0.230)	26.54	31.99	35.96	34.46	40.06	47.12	49.63	52.52	39.79
平顶山(0.188)	22.20	25.99	32.31	32.45	33.55	34.57	19.76	19.78	27.58
安阳(0.261)	49.64	73.10	100.13	91.54	106.57	96.78	94.30	110.19	90.28
鹤壁(0.146)	26.51	33.44	40.39	49.86	61.96	67.08	66.56	84.42	53.78

续表

地区	2006	2007	2008	2009	2010	2011	2012	2013	均值
新乡(0.492)	59.66	64.12	72.94	78.89	99.63	125.18	128.24	146.06	96.84
焦作(0.348)	41.31	57.23	60.48	62.40	71.26	81.10	82.97	96.71	69.18
濮阳(0.493)	65.42	65.85	76.84	76.40	86.35	85.43	92.83	106.16	81.91
许昌(0.002)	2.80	3.10	5.20	5.10	5.80	6.60	6.90	8.60	5.51
漯河(0.232)	22.81	45.67	51.16	53.56	55.45	55.87	57.58	73.56	51.96
三门峡(0.505)	74.11	84.69	100.20	101.42	137.91	149.58	156.53	181.99	123.30
南阳(0.233)	14.20	15.96	22.93	23.76	27.13	36.47	41.33	37.31	27.39
商丘(0.064)	7.34	7.77	9.70	10.20	14.20	15.21	14.66	15.81	11.86
信阳(0.354)	32.49	38.49	46.19	44.01	49.15	59.05	59.16	73.76	50.29
周口(0.325)	46.66	46.85	54.77	55.36	57.65	67.96	78.14	90.17	62.20
驻马店(0.399)	87.25	94.06	109.27	114.99	132.87	136.45	147.25	164.42	123.32
济源(0.074)	17.75	19.59	23.46	21.68	30.16	27.41	28.83	37.85	25.84

注:括号内数据为用水弹性系数。

表7.4　2006～2013年生活用水边际效益　　(单位:元/m³)

地区	2006	2007	2008	2009	2010	2011	2012	2013	均值
郑州(0.700)	198.82	213.89	237.95	267.63	294.38	307.41	351.05	370	280.14
开封(0.511)	59.63	80.33	104.29	105.29	128.82	152.02	162.09	181.58	121.76
洛阳(0.032)	6.62	7.78	8.65	10.02	10.41	11.52	13.62	14.18	10.35
平顶山(0.544)	71.95	85.29	97.48	110.08	123.98	131.69	158.78	173.18	119.05
安阳(0.077)	10.06	12.3	15.75	17.27	18.66	23.34	25.29	25.71	18.55
鹤壁(0.080)	10.4	13.7	12.44	13.96	14.06	16.04	16.86	17.76	14.4
新乡(0.638)	81.32	103.13	100.2	100.9	114.97	142.96	162.37	185.93	123.97
焦作(0.327)	62.87	84.16	82.63	88.43	95.14	106.41	111.6	118.35	93.7
濮阳(0.688)	57.42	62.56	64.52	71.72	82.2	88.37	103.02	107.21	79.63
许昌(0.322)	50.07	63.72	46.47	50.89	57.5	73.38	83.23	92.83	64.76
漯河(0.244)	23.15	27.83	35.46	46.61	53.65	47.79	52.13	56.51	42.89
三门峡(0.204)	38.78	45.5	54.83	58.03	65.7	91.38	89.13	88.92	66.53
南阳(0.077)	9.96	10.32	11.34	12.5	12.46	15.73	18.26	19.66	13.78
商丘(0.061)	5.87	4.95	6.09	6.64	7.59	9.96	11.37	11.8	8.03
信阳(0.536)	45.58	52.07	62.20	66.01	81.46	82.26	80.01	92.43	70.25
周口(0.084)	5.93	6.99	6.27	7.6	8.92	9.86	11.28	12.55	8.68
驻马店(0.233)	23.77	29.52	34.08	37.44	46.89	59.02	62.83	63.15	44.59
济源(0.244)	49.55	48.49	54.37	63.99	78.36	81.32	74.22	76.91	65.90

注:括号内数据为用水弹性系数。

7.4.3 时空差异分析

水资源利用的时间差异是以年份为决策单元，体现各区域不同时期用水效益随时间的变化；空间差异分析是以城市为决策单元，表征同一时期各区域用水效益差异。

1. 时间差异

首先，从总体上分析河南省用水边际效益的逐年变化。就全省平均水平而言，2006～2013 年农业、工业和生活用水边际效益均呈现上升趋势，说明随经济发展和水资源稀缺性增加，其投入的产出值不断提高，其中以农业用水平均边际效益涨幅最大，达 132%。

其次，将 18 个城市按照人均 GDP 分为经济高、中、低发达地区三类，其中，将人均 GDP 大于 50000 元的城市定为经济高发达地区，包括郑州、济源和三门峡；经济中发达地区人均 GDP 介于 30000～50000 元，主要分布在豫北；经济低发达地区人均 GDP 低于 30000 元，主要集中在豫东和豫南。结合图 7.1 可以发现，在研究期间，除经济高发达地区的农业用水边际效益在 2013 年略有降低外，其余均逐年上升，并且经济高发达地区的农业、工业和生活用水边际效益均高于经济低发达地区。就效益增长率而言，农业和工业用水边际效益增长率经济高发达地区＞经济中发达地区＞经济低发达地区，即经济高发达地区的农业和工业用水边际效益随时间发展提升显著，而经济低发达地区农业和工业用水边际效益随时间发展提升幅度较小；但生活用水边际效益增长率则呈现相反的趋势。这表明河南省农业和工业在经济高发达地区以其先进的科学技术、合理的产业结构，得到较高的水资源利用产出；但是经济高发达地区第三产业的发展相对成熟，水资源的规模投入所得产出要低于经济低发达地区。

表 7.5　2006～2013 年用水边际效益增长率　　（单位：%）

用水	经济高发达地区	经济中发达地区	经济低发达地区
农业用水	146.37	141.10	87.18
工业用水	161.90	120.27	96.53
生活用水	86.60	111.75	152.87

2. 空间差异

为进一步分析河南省水资源边际效益的空间差异，分别以各城市 2006～2013 年农业、工业和生活用水边际效益平均值为对象，将农业、工业、生活用水边际效益分为高、中、低三区。

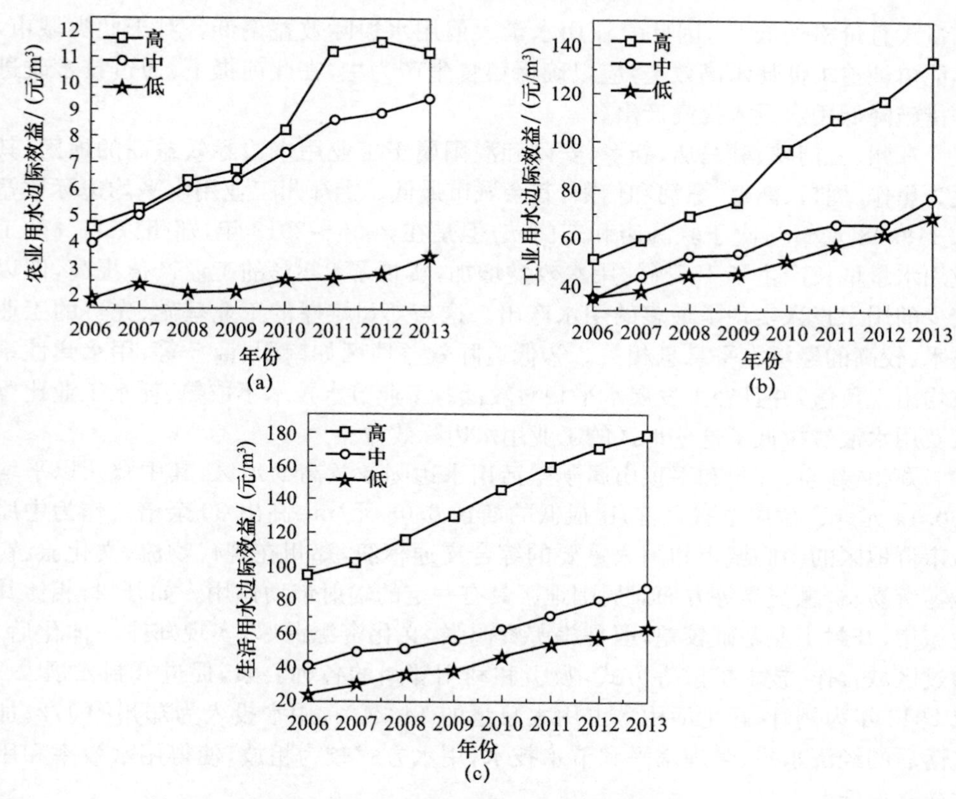

图 7.1　河南省地区经济分布图及用水边际效益年际变化

农业用水边际效益以郑州、洛阳、平顶山为最高，濮阳、许昌、漯河、三门峡和驻马店次之，其余最低。①高效益地区以郑州为例，农业用水边际效益在 2012 年达极值 23.11 元/m³ 之后，下降至 2013 年的 21.80 元/m³。郑州具有先进的农业灌溉和种植技术，用水效益偏高，但是郑州农业用水弹性系数为－0.882，说明经济、技术发展到一定程度后，用水量投入即对农业产出形成负相关影响。郑州农业劳动力和固定资产投资弹性系数分别为－0.188 和 0.212，表明在现有技术水平下，增加农业用水边际效益的方式即是增加水利设施、农业机械等的资金投入。②中等效益地区如驻马店，在 2006～2013 年，农业用水边际效益从 5.70 元/m³ 上升到 10.66 元/m³，增幅达 87%，在此期间，农业用水量增加了 14%。驻马店以较小的水量投入实现了较大的效益增长，首先与其气候温和、雨量充沛的大陆性季风型半湿润气候有关；其次得益于政策、资金的扶持，如财政部、水利部从 2009 年起，先后安排正阳、上蔡、汝南等县为小型农田水利重点县，积极投入资金开展节水灌溉工程，提高农业用水效率。③低效益地区，多年平均农业用水边际效益介于 0.53～4.82 元/m³。如信阳，虽誉为“鱼米之乡”，但是由于以种植水稻为主，水稻相对耗水量大且价格偏低[13]，因此农业用水量大但用水边际效益偏低。对于此类城市，不能单纯追求低耗水高效益，应以确保粮食生产为主，在此前提下，通过技术改进等措施降低用水投入提高产出。

郑州、三门峡、驻马店、新乡、安阳和濮阳属于工业用水边际效益高的地区，其次为焦作、周口、鹤壁、漯河和信阳，其余城市最低。①郑州工业用水平均边际效益为119.08元/m^3，次于驻马店和三门峡，但是在2006～2013年，郑州以11%的工业用水量增长产生了195%的用水效益增加，实现了228%的工业产值提高，即以较少的用水投入实现了最多的用水产出。这与郑州雄厚的工业基础、先进的工业技术、较高的经济水平息息相关。②低边际效益地区如南阳、商丘等，用水弹性系数均出现负值，并且经济发展水平相对较低。工业节水技术不成熟、耗水工业比重大及用水浪费拉低了这些地区的工业用水边际效益。

郑州、新乡、开封和平顶山属于生活用水边际效益高的地区，其中郑州以平均280.14元/m^{3}位居全省之首，比最低的商丘8.03元/m^{3}高出30余倍。作为中原城市群地区的中心城市和国家重要的综合交通枢纽，郑州在现代物流、文化旅游、批零贸易、金融交易等方面对周围地区具有一定的辐射带动作用。如开封，相比其他城市，开封工业基础较差，但是旅游资源强、文化资源深厚，实现郑汴一体化后，通过区域合作、技术扩散等方式，吸引和利用郑州的各种要素，促进开封发展[14]。以2013年为例，商丘生活用水占用水总量的14.24%，用水投入为郑州的1/2，加之落后的经济水平、管理水平和节水技术，用水方式较为粗放，使得用水效率和用水效益偏低。

7.4.4 用水边际效益与经济发展水平关系

经济学中，随着投入要素的增加，该要素能够带来的产量增加量是递减的，即投入要素的边际效益递减。如果以水资源作为投入要素，随着用水量的增加，水资源的边际效益曲线是一条向右下方倾斜的曲线。投入要素边际效益递减的原因主要在于与增量要素相配合的其他可用要素量越来越少。任何一种要素都需要与其他投入要素相结合才可能产出一定量的产量。在其他要素投入不变的情况下，随着某一要素的投入量的增加，该要素能够加以配合的其他要素量相对递减，其生产效率也随之下降。因此，在资本密集度/资本有机构成不一样的部门之间，相同要素的边际效益不同。通常在用水量给定的前提下，资本密集度高的部门，投入要素的边际效益也高。据此可以预期，工业部门的用水边际效益会大于农业部门。另外，地区间也有差异，因为不同地区的资本密集度及产业结构也是不一样的[5]。

通过河南省水资源利用的时空差异进行分析，就目前经济发展水平来看，无论农业、工业还是生活，经济高发达地区的用水边际效益明显高于经济低发达地区，经济发展水平对用水效益产出起着正相关作用。经济发达地区除了具有先进的节水技术、集约的用水方式之外，对水资源的大规模投入是正向拉动用水边际效益不可忽视的原因。但是，随着经济进一步发展，用水技术趋于完善，水资源的规模效应逐渐减弱，用水边际效益开始递减，这也符合边际收益递减规律，如图 7.2 所示。

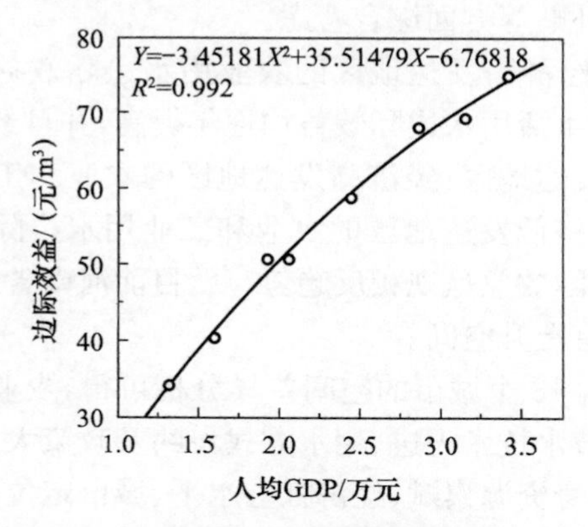

图 7.2　用水边际效益与经济发展拟合关系

通过拟合用水边际效益与经济发展(人均 GDP)，R^2 为 0.992。由方差分析，F 检验[方程的显著性检验，旨在对模型中被解释变量与解释变量之间的线性关系在总体上是否显著成立作出推断。给定显著性水平 ∂，通过 F 值分布表，可得到临界值 $F_{\partial}(k,n-k-1)$。由样本求出统计量 F 的值，如果 $F>F_{\partial}(k,n-k-1)$，则表示拟合方程在 ∂ 的水平下显著成立，即通过 F 检验]统计量的观察值为 334.932，显著性检验的概率为 0.000，小于显著性水平 0.05，回归方程有显著意义。就目前经济发展情况而言，河南省用水边际效益仍有抬升空间，当人均 GDP 约为 5.1 万元时，用水边际效益将达到峰值。

7.5　小　结

如何突出水资源对产业产出贡献率并利用经济杠杆调控用水结构，是目前水资源核算需解决的核心问题。用水量决定用水效益，用水效益制约用水量在产业间的分配。利用水资源的经济属性和社会属性，将水资源作为生产要素纳入市场经济体制，以求得符合经济发展规律的水资源优化配置方式。在多种生产函数中，C-D 函数因其经济意义明确，计算简单而得到广泛应用。基于边际效益理论，将水资源纳入 C-D 函数，核算河南省及其 18 个城市 2006～2013 年农业、工业、生活用水边际效益，并进行时间和空间差异分析，主要结论如下。

(1) 2006～2013 年，河南省农业、工业和生活用水边际效益基本上逐年提高，生活、工业用水边际效益明显高于农业，并且经济高发达地区的用水边际效益高于经济低发达地区；从用水边际效益增长率而言，农业和工业用水边际效益增长率随经济发展程度不断提高，而生活用水边际效益增长率则相反。鉴于粮农安全和粮食保障及农业用水特点，提高农业用水边际效益不能仅依靠水量投入，而应从产业升级、灌溉技术、粮农补贴等方面综合考虑。

(2) 研究期间，除经济高发达地区的农业用水边际效益在 2013 年下降外，其余地区的农业、工业和生活用水边际效益均逐年提高，并且经济高发达地区的用水边际效益高于经济低发达地区；经济高发达地区的农业和工业用水边际效益随时间发展提升显著，而经济低发达地区的农业和工业用水边际效益随时间发展提升幅度较小，生活用水边际效益呈现相反趋势。就目前河南省经济发展情况而言，河南省用水边际效益仍有上升空间。

(3) 通过对河南省 18 个城市的空间差异分析可得，农业、工业、生活用水边际效益高的地区表现为节水技术先进、用水方式集约及政策大力扶持；对于边际效益低的地区，建议根据自身资源禀赋、经济社会水平、城市定位等，适度进行产业结构升级，使有限水资源的产出达到最优化。

(4) 虽然经济发展对边际效益有着正向拉动作用，但是边际效益不会持续提高。就目前河南省经济发展水平而言，用水边际效益仍处于上升阶段。用水边际效益反映的是水资源的经济价值，这只是水资源价值的一个方面，应综合考虑其经济效益、生态效益和社会效益，以实现河南省水资源的可持续利用。

参考文献

[1] Ayman A A, Graham E F, Mohsen A G. Water use at Luxor, Egypt: Consumption analysis and future demand forecasting. Environmental Earth Sciences, 2014, 72(4): 1041-1053.

[2] Fan L X, Liu G B, Wang F, et al. Domestic water consumption under intermittent and continuous modes of water supply. Water Resources Management, 2014, 28(3): 853-865.

[3] 李浩，夏军. 水资源经济学的几点讨论. 资源科学，2007，29(5)：137-142.

[4] 沈大军，王浩，杨小柳，等. 工业用水的数量经济分析. 水利学报，2000，31(8)：27-31.

[5] 王智勇，王劲峰，于静洁，等. 河北省平原地区水资源利用的边际效益分析. 地理学报，2000，55(3)：318-328.

[6] 龙爱华，徐中民，张志强，等. 基于边际效益的水资源空间动态优化配置研究——以黑河流域张掖地区为例. 冰川冻土，2002，24(4)：407-413.

[7] 孙才志，杨新岩，王雪妮，等. 辽宁省水资源利用边际效益的估算与时空差异分析. 地域研究与开发，2011，30(1)：155-160.

[8] 许士国，吕素冰，刘建卫，等. 白城地区用水结构演变及边际效益分析. 水电能源科学，2012，30(4)：106-108，214.

[9] 盖美，郝慧娟，柯丽娜，等. 辽宁沿海经济带水资源边际效益测度及影响因素分析. 自然资

源学报,2015,30(1):78-91.
[10]　河南省水利厅. 2013 河南省水资源公报,2013.
[11]　杨贞. 河南省农业水价综合改革问题及对策. 经济研究导刊,2011,(35):44-46.
[12]　吕素冰. 水资源利用的效益分析及结构演化研究. 大连:大连理工大学,2012.
[13]　于冷,杨明海,戴有忠,等. 吉林省水资源利用效果分析. 农业工程学报,1998,14(3):102-106.
[14]　孙才志,刘玉玉. 基于 DEA-ESDA 的中国水资源利用相对效率的时空格局分析. 资源科学,2009,31(10):1696-1703.

第 8 章　实行最严格水资源管理制度考核评价

8.1　概　　述

人多水少、水资源时空分布不均是我国的基本国情和水情，水资源短缺、水污染严重、水生态恶化等问题十分突出，已成为制约经济社会可持续发展的主要瓶颈。水是人类生存的必要条件，是生态得以持续发展的自然基础，是社会进步的重要因素。但随着人类活动加剧，水资源问题日益严重。主要表现在以下几个方面：首先，我国水资源丰富，但由于人口众多，个人占有量少且分布不均匀，这导致水资源配置难度大；其次，水资源短缺加重，水资源直接利用量少；再次，部分地区、部分行业的用水形式相对粗放，加剧了水资源短缺的态势；最后，人类活动的增加及气候变化使得水环境恶化，灾害频发。

水问题是目前制约人类发展的重要因素，人类活动对水资源产生严重影响，在反省自身的同时，也应强化水资源管理意识。为解决人水矛盾问题，迫切需要加强水资源的科学统一管理，以便于水资源的高效可持续利用，实现人水关系和谐发展。因此，最严格水资源管理制度应运而生。

随着工业化、城镇化和农业现代化加速推进，以及全球气候变化影响加剧，我国水利面临的形势更趋严峻，增强防灾减灾能力的要求越来越迫切，强化水资源节约保护的工作越来越繁重，加快扭转农业主要“靠天吃饭”局面的任务越来越艰巨。我国正常年份全国年缺水量 500 多亿 m^3，近 2/3 城市存在不同程度的缺水，全国单方水 GDP 产出仅为世界平均水平的 1/3，地下水超采区面积达 19 万 km^2，水功能区达标率仅 42%，不少地方水资源开发已超出承载能力。针对这一状况，2011 年中央一号文件和中央水利工作会议明确要求实行最严格的水资源管理制度，确立水资源开发利用控制、用水效率控制和水功能区限制纳污“三条红线”；提出把严格水资源管理作为加快转变经济发展方式的战略举措。2012 年 1 月，国务院发布了《关于实行最严格水资源管理制度的意见》，其对实行该制度做出全面部署和具体安排，成为指导当前和今后一个时期我国水资源工作的纲领性文件。2013 年 1 月，国务院办公厅发布《实行最严格水资源管理制度考核办法》，明确了考核对象、内容和程序，完善了考核机制。

2009 年，国务院副总理回良玉首次提出最严格水资源管理制度概念，随后全面部署相关工作。国务院各部委后续出台一系列政策办法，如图8.1所示。

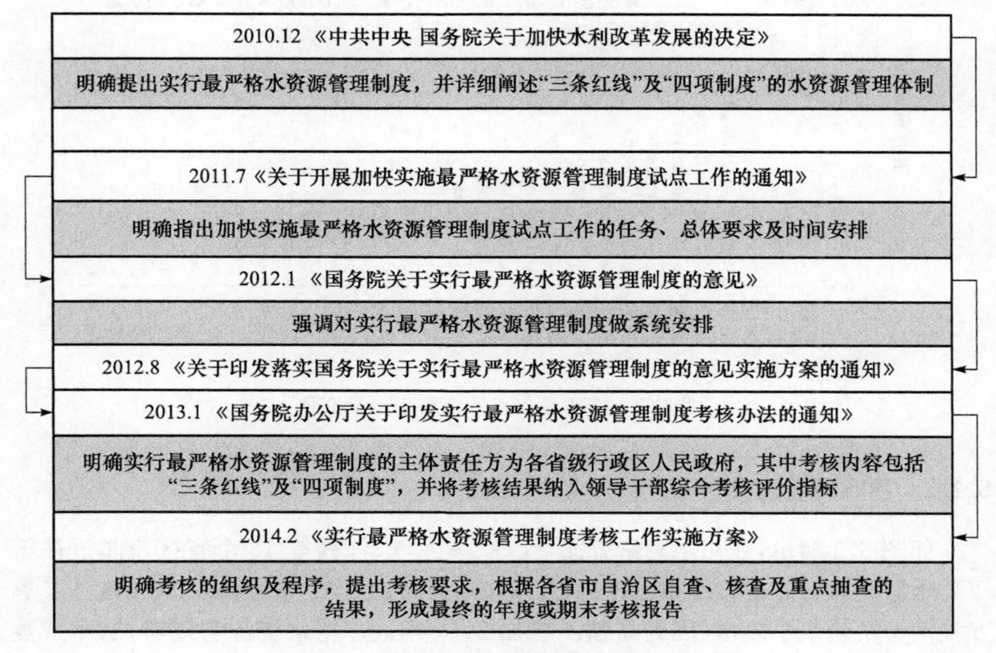

图8.1　最严格水资源管理制度相关文件

8.2　全国用水量变化特征

8.2.1　用水总量分析

2014年全国31个省区市(本书数据不包括港澳台)用水总量达6080.96亿m^3，如图8.2所示，其中农业用水量3864.57亿m^3，占比63.55%；工业用水量1354.07亿m^3，占比22.27%；生活用水量765.66亿m^3，占比12.59%；生态用水量91.46亿m^3，占比1.50%。

2014年江苏(591.0亿m^3)、新疆(581.8亿m^3)、广东(442.51亿m^3)用水总量均超过400亿m^3，贵州、陕西、重庆、山西、宁夏、海南、北京、西藏、青海、天津10个省区市用水总量均小于100亿m^3，其他18个省区市用水总量在100亿～400亿m^3。

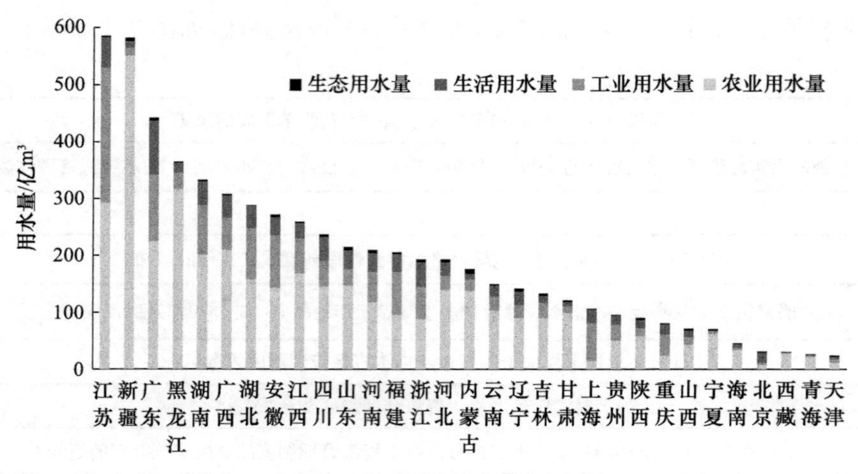

图 8.2　2014 年各省区市用水总量变化

8.2.2　用水量特征分析

如图 8.3 所示，在用水总量方面，江苏、黑龙江、江西等 18 个省区市超过往年平均水平，其余 12 个省区市低于近 15 年(2000～2014 年)平均水平，其中江苏及黑龙江高于平均水平较多(因为新疆不参加 2014 年最严格水资源管理考核，本节数据未列出新疆用水量)。如图 8.4 所示，2014 年用水量少于 2013 年用水量的省区市较多，证明最严格水资源管理初见成效。其中江苏 2014 年用水量上升较多，为 14.6 亿 m³，减少较多的省区市有浙江、江西、四川、北京、内蒙古、上海、安徽及河南，以上省区市用水总量减少均超过 5 亿 m³，表明以上省区市 2014 年节水方面效果较好。

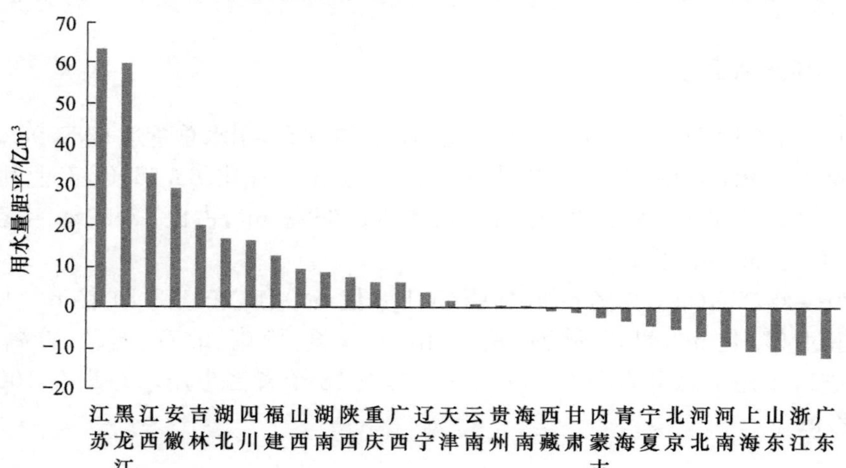

图 8.3　2014 年各省区市用水总量距平图

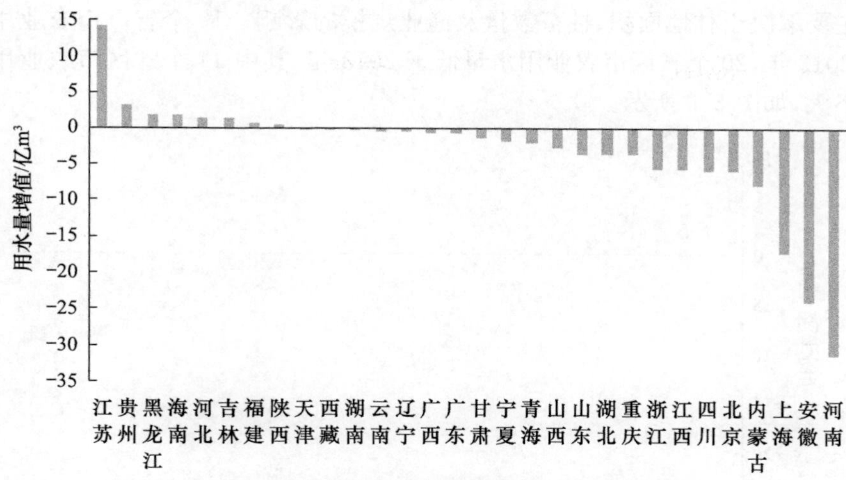

图 8.4　2014 年各省区市用水总量与 2013 年差值图

从图 8.5 中可以看出农业用水比重超过 70%的省区市有宁夏、黑龙江、海南、河北、青海、内蒙古、甘肃及西藏，低于 50%的有江苏、浙江、重庆、上海及北京；其中浙江、江苏、重庆及上海的工业用水比重要远高于其他省区市，占比 40%以上，北京的生活用水比重较大，占比 50%以上。但生态用水所占比重均低于 8%，除广东、山东、河南、浙江、河北、内蒙古外占比均低于 5%，占比较为平均。

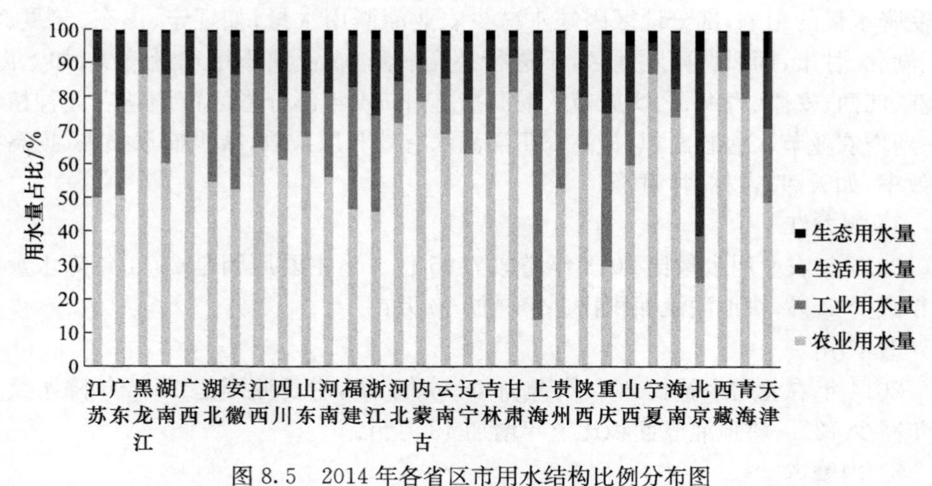

图 8.5　2014 年各省区市用水结构比例分布图

1. 农业用水量

农业用水包括耕地、林业、果树、草地的灌溉量，鱼塘补水及牲畜用水量。农业用水量与气候条件和地理位置等因素息息相关；同时受作物的种植结构、灌溉方式、灌溉面积及管理技术、土壤条件及工程设施等具体条件的影响较大。林牧渔用水量主要取决于林地面积、牲畜数量及渔业规模的影响。10 个省区市农业用水量高于 2013 年，20 个省区市农业用水量低于 2013 年，其中 11 个省区市农业用水量变化不大，如图 8.6 所示。

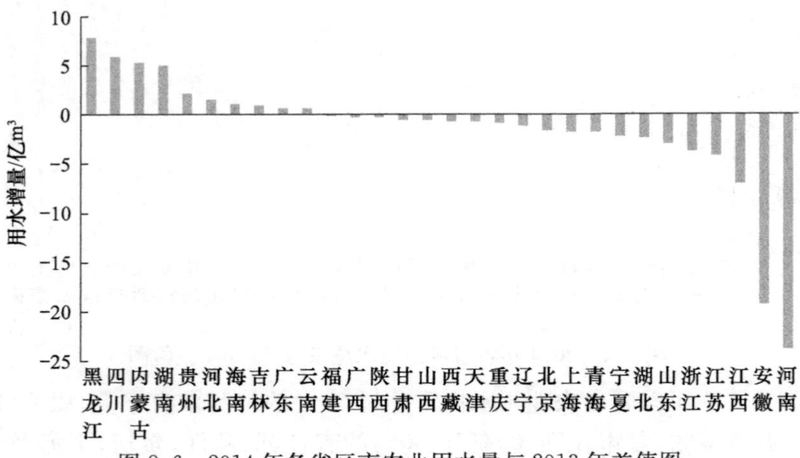

图 8.6　2014 年各省区市农业用水量与 2013 年差值图

农业用水量变化幅度较大主要有以下几方面的原因：①未按农业用水量统计方案统计，即未按样点灌区亩均灌溉用水量统计，而按多年平均用水定额推算；②受降水量的影响，部分地区因缺水减少农业灌溉用水量，如辽宁、山东、宁夏、河南、湖北、甘肃；而风调雨顺地区，不进行补充灌溉，农业灌溉用水量偏少，如上海、浙江、江西、安徽、青海；③实施节水灌溉措施，2014 年部分省区市调整农业种植结构、新增农业节水灌溉面积、提高农田灌溉水有效利用系数，减少输水损失、提高灌溉效率，如天津、吉林、甘肃等。

1）黑龙江

2014 年农业用水量比 2013 年增加 7.85 亿 m³，主要原因是 2014 年降水量比上年减少 20%，耕地灌溉面积比上年增加 60 万亩。

2）四川

2014 年农业用水量比 2013 年增加 5.96 亿 m³，主要原因是 2014 年降水量比上年减少 12%，耕地灌溉面积比上年增加 43 万亩。

3）内蒙古

2014 年农业用水量比 2013 年增加 5.3 亿 m³，主要原因是 2014 年降水量比上年减少 14%，耕地灌溉面积比上年增加 25 万亩。

4）湖南

2014 年农业用水量比 2013 年增加 4.99 亿 m³，主要原因是 2014 年耕地灌溉面积比上年增加 193 万亩。

5）江西

2014 年农业用水量比 2013 年减少 7.08 亿 m^3，主要原因是 2014 年降水比上年偏丰，且样点亩均灌溉用水量相对减少。

6）安徽

2014 年农业用水量比 2013 年减少 19.27 亿 m^3，主要原因是 2014 年属于降水偏丰年，且样点亩均灌溉用水量大幅减小。

7）河南

2014 年农业用水量比 2013 年减少 23.86 亿 m^3，主要是受 2014 年大旱影响，加上 2013 年下半年蓄水量较少，全省 1/3 的小型水库基本干涸，主要河流径流量比常年偏少 70%～90%，中小河道近一半断流，夏干旱造成农业受灾面积达 2583 万亩。

2. 工业用水量

工业用水指工业企业在生产过程中的用水，具体包括制造、加工、冷却、空调、净化、洗涤等方面，按新水取用量计算，不包括企业内部重复利用量。工业用水的变化不仅与国民经济发展息息相关，而且与工业的生产结构、水平、水资源状况、用水管理及节水水平有密切关系。8 个省区市工业用水量超过 2013 年，22 个省区市工业用水量低于 2013 年，其中 16 个省区市工业用水量变化不大，如图 8.7 所示。

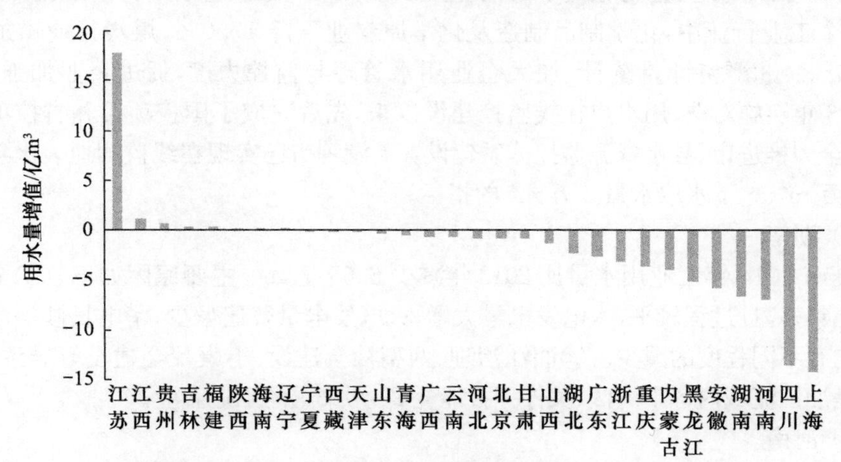

图 8.7　2014 年各省区市工业用水量与 2013 年差值图

工业用水量变化较大主要原因为：①火（核）电企业存在调整、新增、关闭或内部机组改造等情况；②调整工业产业结构，能耗高及污染重的工业企业勒令关停；③加大节能减排力度，改善节水技术，提高重复利用率，减少用水量；④受气候变化的影响，北方局部地区大旱，工业用水量减少，南方局部地区受降水量丰沛、火力发电量减少、水力发电量增加的影响，火（核）电用水量减少；⑤受经济影响，一般工业用水量减少。

1）江苏

江苏 2014 年工业用水量比 2013 年增加 17.9 亿 m^3，主要原因是：2013～2014 年先后投产的火（核）电企业进入正常运行阶段，部分企业发电量的增加，导致南通、苏州、镇江等地的火（核）电企业用水量增加。

2）黑龙江

黑龙江 2014 年工业用水量比 2013 年减少 5.05 亿 m^3，主要原因如下。①对火电企业进行工艺改进，2014 年佳木斯热电厂改造两台机组，用水冷却由直流冷却改为循环冷却，用水量减少 1.3 亿 m^3。②推进工业节水，哈尔滨市通过节水型城市建设，减少管网漏失率、推广节水技术、提高企业重复利用率，其他城市工业企业也在不断挖掘节水潜力，加强用水管理，进行节水技术改造，企业用水量呈下降趋势。③受工业经济效益影响，用水量有所下降。

3）安徽

安徽 2014 年工业用水量比 2013 年减少 5.69 亿 m^3，主要原因如下。①加快产业结构调整，实施工业企业集中入园，发展循环经济。2014 年，合肥钢铁集团有限公司、中盐安徽红四方股份有限公司等大型企业，实施产业升级改造，搬入工业园区，单位产品用水量和用水总量明显减少。②安徽经济发展速度总体放缓，特别是资源、化工、煤电、金属等耗水高的企业发展放缓，用水量减少。以淮南市为例：其 35 个工业行业中，化学制品制造及化学原料业下降 17.0%，煤炭行业增加值下降 5.9%。③严格计量统计，加大企业用水管理与监控力度，促进企业加强节水。自 2013 年实施对取、用水户在线监控建设以来，先后完成了国控项目和省控项目建设，并全力推进市、县水资源监控体系建设。芜湖等市已实现在线监测地表水年取水量 10 万 m^3、地下水取水量 5 万 m^3 的指标。

4）湖南

湖南 2014 年工业用水量比 2013 年减少 6.65 亿 m^3，主要原因如下。①全年降雨比上年多，且过程较平，水电发电量大增，火电发电量普遍偏少，华电长沙等电厂用水量均有不同程度的减少。②湘江治理、两型社会建设、小康社会建设等导致全省，特别是湘江流域内各市淘汰、关停一批能耗高、污染重的工业企业。

5）河南

河南 2014 年工业用水量比 2013 年减少 6.88 亿 m^3，主要原因如下。①河南大旱影响工业供水，由于河南旱情严重，严重缺水地区均采用了限制供水的措施，为保证城乡居民生活用水，压减并限制工业企业用水。②经济发展形势的影响，2014 年河南省工业经济增速放缓，部分地区厂矿企业关闭或半停产，开工不足，尤其是石油、煤炭、化工、纺织行业，是全省工业用水量减少的一个重要因素。③加强水资源管理工作力度，严格限制工业用水大户取水量，升级节水技术，促进工业用水量比上年有所下降。

6）四川

四川2014年工业用水量比2013年减少13.57亿m^3，主要原因如下。①产业结构调整或关停，如攀枝花市、凉山彝族自治州，由于钢铁行业不景气，关停了部分采矿、钢铁、钒钛、机械加工制造企业；内江市部分化工企业也处于半停产或濒临破产状态。②节能减排，改善节水技术，工业水循环利用率提高，用水量减少。如地处成都市的攀钢集团成都钢铁有限责任公司实现了“零排放”，内江市的2座火力发电厂2014年大多时间处于停机状态，如内江市白马电厂满负荷生产时年取水量达1.5亿m^3，2014年仅为3600万m^3。③统计口径不一，成都市工业用水量2013年包含建筑行业，但2014年不包括该行业用水量的1.244亿m^3。

7）上海

上海2014年工业用水量比2013年减少14.2亿m^3，减少原因是对火电行业提出“上大压小”“节能减排”的要求，对火电工业进行了大规模的调整，新增外高桥三电、华能上海石洞口发电有限责任公司等，关闭了杨树浦发电厂、闵行发电厂、崇明发电厂等设备陈旧的老电厂，对吴泾热电厂进行老机组改造，发展了上电漕泾、临港燃机等海水冷却式火力发电，火电用水量下降；同时，受产业结构调整、外围经济不景气等方面的影响，用水量略有下降。

3. 生活用水量

生活用水包括农村生活用水、城镇居民用水及城镇公共用水（含第三产业及建筑业等用水）。温度、水资源状况、人口数量、卫生环境、生活水平等都是影响生活用水量变化的重要因素。24个省区市生活用水量超过2013年，6个省区市生活用水量低于2013年，如图8.8所示。

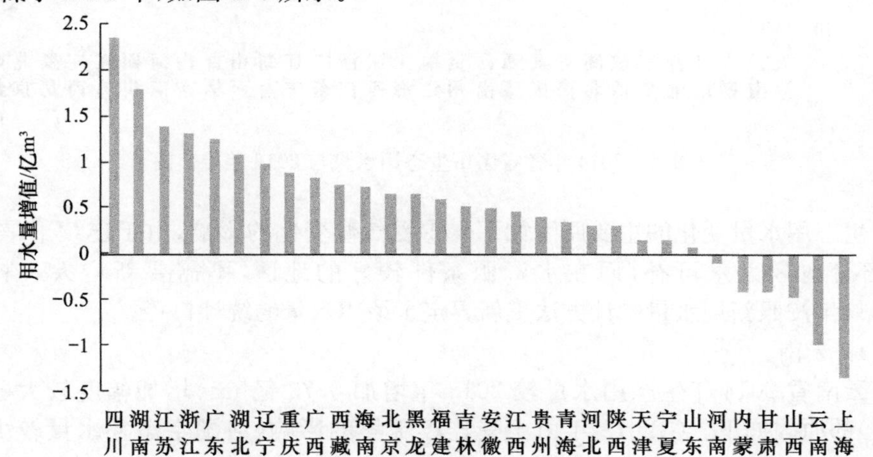

图8.8　2014年各省区市生活用水量与2013年差值图

生活用水量减少的主要原因如下。①云南按照用水总量统计技术方案要求，采用了公共用水户的供水资料和水利普查入户调查资料，重新复核了生活用水量，并与其他成果进行对比、检查，认为此次指标分析较为合理。②甘肃因第三产业整体不景气、农村居民外出打工等原因，生活用水量有所减少。③上海市 2014 年高温天数有所减少，生活用水量下降。

4. 生态用水量

生态用水包括河湖湿地补水、人为措施补给城镇环境的水量，但不包括降水、径流满足的水量。从 2014 年各省区市自查报告生态用水量与 2013 年水资源公报数据平均值比较可以看出，15 个省区市生态用水量超出平均水平，另外 15 个省区市生态用水量低于平均水平，除北京和内蒙古因统计口径变化生态用水量减少较多外，其余各省区市生态用水量均变化不大，如图 8.9 所示。

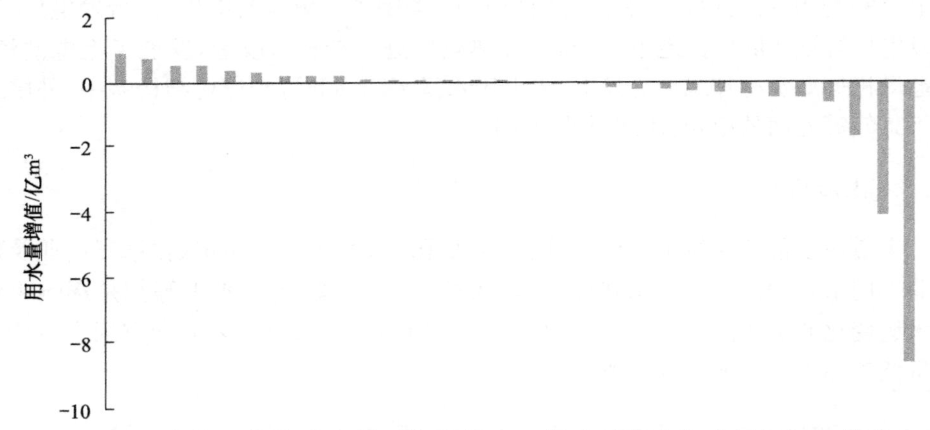

图 8.9 2014 年各省区市生态用水量与 2013 年差值图

生态用水量变化的主要原因如下。①受气候变化的影响，由于连续干旱的影响，部分地区无水可补，而在水资源条件较好的地区，不需要新增人工补水。②2014年按照新用水量统计方法重新界定了该用水量的统计口径。

1）云南

云南省 2014 年生态用水量较 2013 年增加 0.72 亿 m³，增加幅度较大(增加 56%)的原因如下。①2013 年由于受连续干旱的影响，河湖生态补水量较少，昆明、玉溪、丽江等人工景观基本没有补水。②2014 年水资源紧缺有所缓解，各地区加大了城市人工景观的用水量，同时，云南省实施了牛栏江滇池补水工程，2014 年调水 4.032 亿 m^3 入滇池，其中 0.1613 亿 m^3 作为河湖补水量，导致河湖补水量增加，达 0.465 亿 m^3。③随着城市化步伐加快，绿地面积逐年上升，环境用水逐年增多。因此，2014 年各州市上报统计的城镇环境用水在 2013 年的基础上增加了 0.261 亿 m^3。

2）甘肃

甘肃 2014 年生态用水量较 2013 年增加 0.55 亿 m^3，主要原因是 2014 年酒泉市所在敦煌市月牙泉补水工程和张掖市黑河二坝湿地增加了一部分生态补水量；另外兰州市市区城市道路洒水也增加了一部分生态用水量。

3）广西

广西生态用水量比 2013 年减少 0.65 亿 m^3，降幅 23%，导致降幅较大的原因是根据《用水总量统计方案（试行）》的规定，2014 年统计生态用水中的河湖补水量时，不再统计桂林市漓江旅游补水量（约 1 亿 m^3）。

4）黑龙江

黑龙江 2014 年生态用水量比 2013 年减少 1.72 亿 m^3。主要原因是 2014 年大庆市连环湖、齐齐哈尔市扎龙湿地水资源情况较好，没有进行人工补水。

8.2.3　用水量时间演变分析

根据 2000 年后的用水量统计，我国用水总量缓慢上升，且 2003 年后上升速度有所提高（图 8.10）。其中农业用水量受气候及实际灌溉面积影响较大，因此上下波动较多，但农业用水占比则有所减少。工业用水量从总体上升态势转为逐渐趋稳，生活用水量逐年增加，两者占比逐渐上升。自 2003 年提出生态用水概念后开始统计，近年来呈平稳态势。

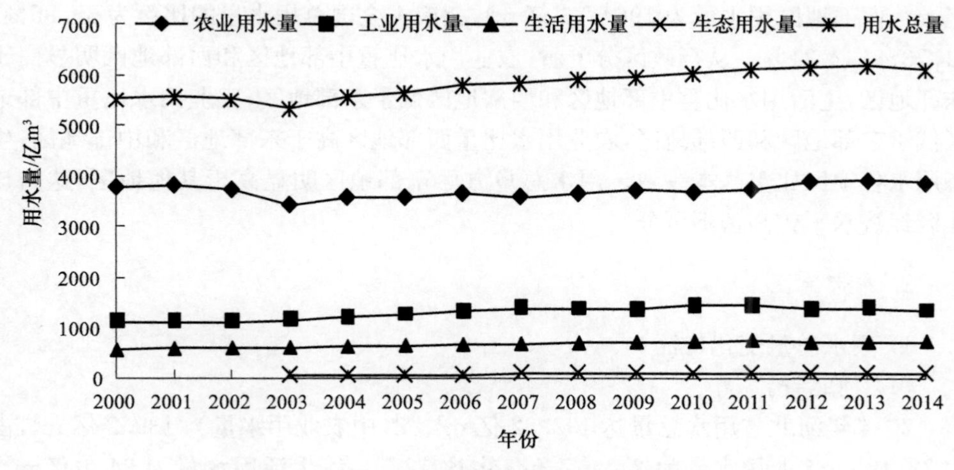

图 8.10　2000～2014 年全国各行业用水量变化

8.2.4 重点地区用水总量特征及制度落实措施

1. 地区选取

我国水资源禀赋东西差异明显，经济发展呈现出东部地区高基础高增长，西部地区低基础高增长，中部地区低基础低增长的发展特点，综合考虑自然地理因素、经济发展水平和社会因素的区域差异，结合全国七大自然地理分区和四大经济区域，按照国家统计局数据的分类所确定的东、中、西部地区的区分标准(以《中国水资源公报》区域划分方法为标准依据)，选取东、中、西部地区的代表省区市，对实行最严格水资源管理制度考核结果进行评价。根据国家发展改革委的解释，我国东、中、西部的划分是政策上的划分，东部是指最早实行沿海开放政策并且经济发展水平较高的省区市；中部是指经济次发达地区；而西部则是指经济欠发达地区。具体城市划分见表 8.1。选取代表地区，即东部：河北、浙江、山东、广东；中部：黑龙江、河南；西部：云南、青海。代表城市：上海、广州、哈尔滨、郑州。

表 8.1 全国东、中、西部划分

区划	省区市
东部地区	北京、天津、河北、辽宁、上海、江苏、浙江、福建、山东、广东、海南
中部地区	山西、吉林、黑龙江、安徽、江西、河南、湖北、湖南
西部地区	内蒙古、广西、重庆、四川、贵州、云南、西藏、陕西、甘肃、青海、宁夏、新疆

根据 2014 年全国 31 个省区市最严格水资源管理自查报告统计数据(新疆采用 2013 年数据)，东部地区用水量为 2186.68 亿 m^3、中部地区用水量为 1929.65 亿 m^3、西部地区用水量为 1964.73 亿 m^3，相应占全国总用水量的比例为 35.96%、31.73%、32.31%。从行政区分上看，农业用水比重中部地区和西部地区明显高于东部地区，生活用水比重中部地区和西部地区低于东部地区，工业用水比重中部地区低于东部地区和西部地区，农业用水比重西部地区高于东部地区和中部地区，生态用水各地区比重基本一致。用水总量方面东部地区明显高于其他地区，这与该地区经济水平较高密不可分。

2. 东部地区

1) 用水总量变化特征

(1) 河北省。

2014 年河北省用水总量达 192.82 亿 m^3。其中农业用水量为 139.2 亿 m^3，占比 72.19%；工业用水量为 24.5 亿 m^3，占比 12.71%；生活用水量为 24.1 亿 m^3，占比 12.50%；生态用水量为 5.1 亿 m^3，占比 2.64%。

2000～2014 年河北省用水总量变化呈减少趋势(图 8.11),其中农业、工业用水量平稳减少,生活用水量趋于稳定,生态用水量呈现上升趋势,如图 8.12 所示。

2014 年用水总量较 2013 年增加 1.52 亿 m^3。其中工业用水量比例减少 0.47%,农业用水量、生活用水量及生态用水量比例均有一定程度的增加,增加比例分别为 0.26%、0.06%、0.19%。

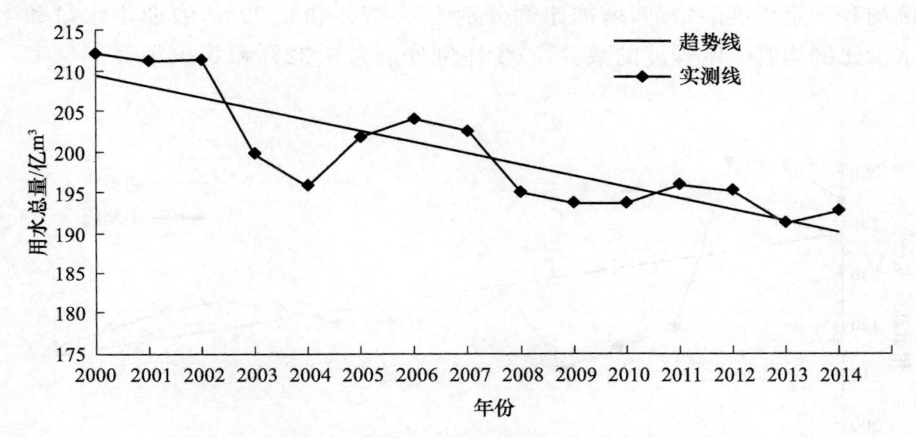

图 8.11　河北省用水总量变化(2000～2014 年)

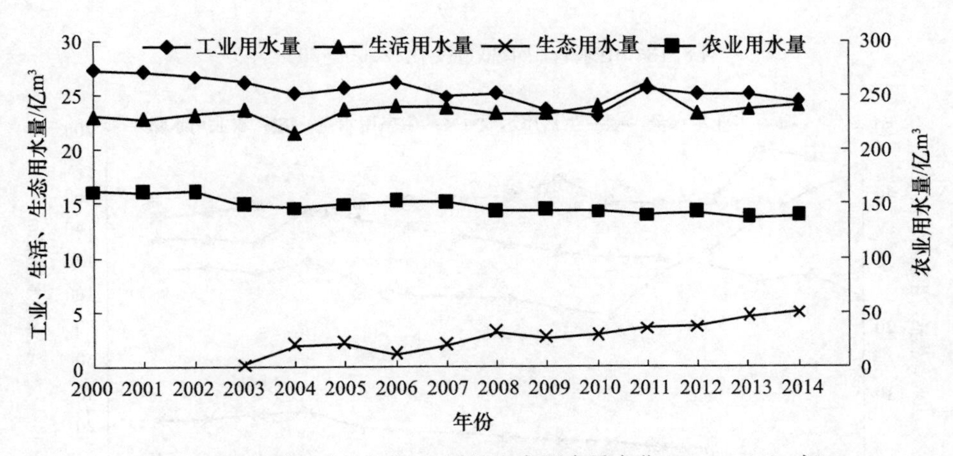

图 8.12　河北省工业、农业、生活及生态用水量变化(2000～2014 年)

(2) 山东省。

2014 年山东省用水总量达为 214.52 亿 m^3。其中农业用水量为 146.7 亿 m^3,占比 68.39%;工业用水量为 28.6 亿 m^3,占比 13.33%;生活用水量为 33.4 亿 m^3,占比 15.57%;生态用水量为 5.82 亿 m^3,占比 2.71%。

2000～2014年山东省用水总量变化整体呈减少趋势(图8.13)，2002～2005年用水总量急剧减少，2006年之后用水总量趋于平稳；其中农业用水量平稳减少，工业用水量在2005年之前逐年减少，之后平稳增加，生活用水量平稳增长，生态用水量呈现平稳上升趋势，如图8.14所示。

2014年用水总量较2013年，减少3.38亿m^3。其中工业用水量和生活用水量比例均有一定程度的增加，增加比例分别为0.07%和0.29%，农业用水量和生态用水量比例均有一定程度的减少，减少比例分别为0.32%和0.04%。

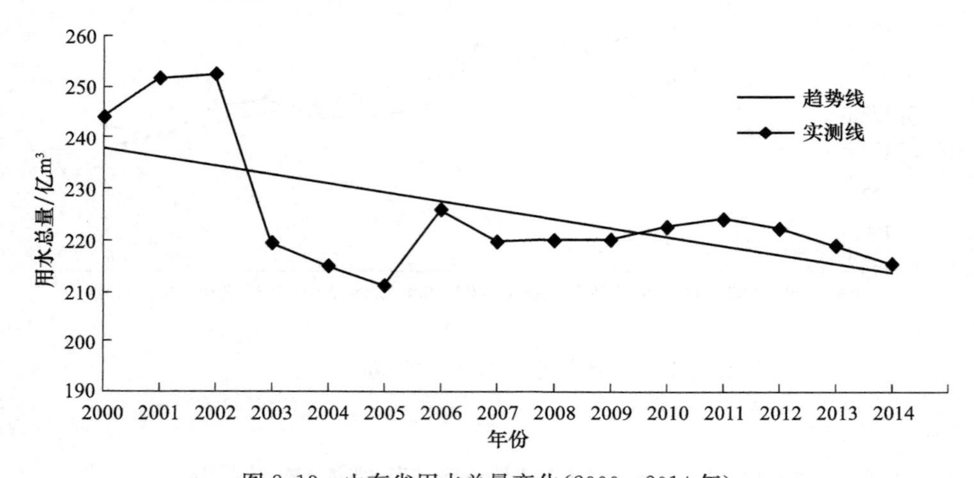

图8.13　山东省用水总量变化(2000～2014年)

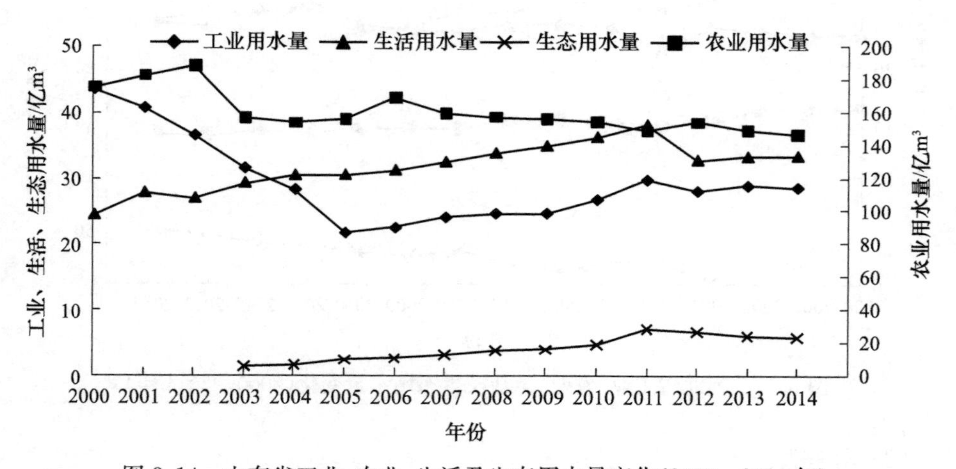

图8.14　山东省工业、农业、生活及生态用水量变化(2000～2014年)

(3) 浙江省。

2014年浙江省用水总量达192.9亿m^3。其中农业用水量为88.2亿m^3，占比

45.72%；工业用水量为 55.7 亿 m^3，占比 28.88%；生活用水量为 43.8 亿 m^3，占比 22.71%；生态用水量为 5.2 亿 m^3，占比 2.70%。

2000～2014 年浙江省用水总量变化整体呈减少趋势(图 8.15)，2008 年之前用水总量平稳增加，之后用水总量急剧减少，2009 年之后用水总量平稳减少；其中农业用水量平稳减少，工业用水量和生活用水量平稳增加，生态用水量呈先增加后减少的趋势，如图 8.16 所示。

2014 年用水总量较 2013 年减少 5.4 亿 m^3。其中生活用水量和生态用水量比例均有一定程度的增加，增加比例分别为 1.27%和 0.07%，工业用水量和农业用水量比例均有一定程度的减少，减少比例分别为 0.78%和 0.67%(图 8.16)。

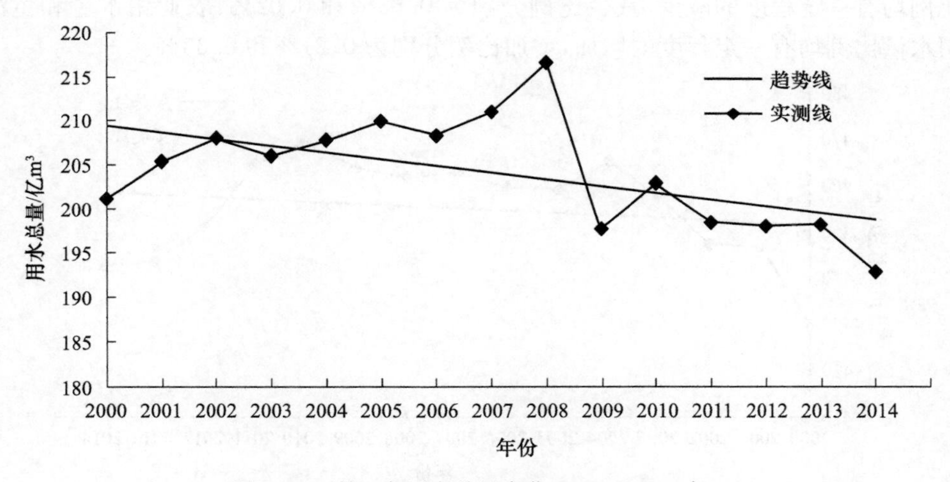

图 8.15　浙江省用水总量变化(2000～2014 年)

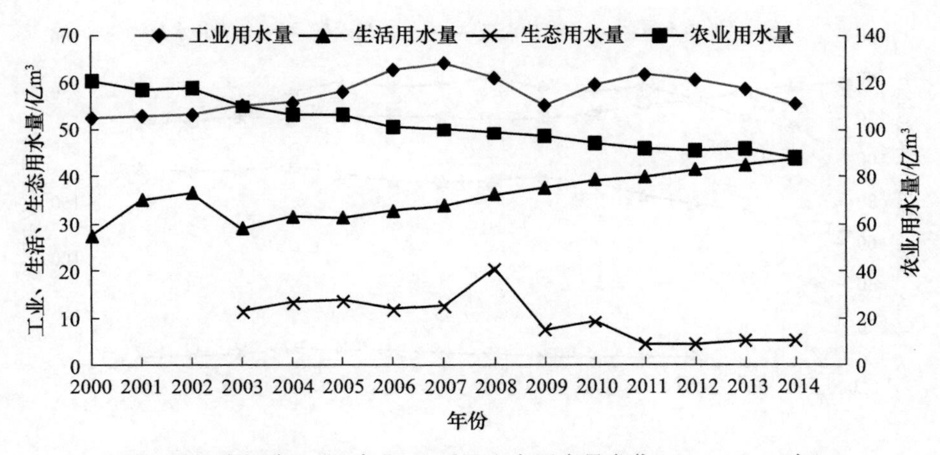

图 8.16　浙江省工业、农业、生活及生态用水量变化(2000～2014 年)

(4) 广东省。

2014 年广东省用水总量达 442.54 亿 m³。其中农业用水量为 224.3 亿 m³，占比 50.68%；工业用水量为 117 亿 m³，占比 26.44%；生活用水量为 96.1 亿 m³，占比 21.72%；生态用水量为 5.1 亿 m³，占比 1.15%。

2000～2014 年广东省用水总量变化整体呈增加趋势(图 8.17)，2004 年之前用水总量迅速增加，之后用水总量变化平稳，2010 年之后用水总量迅速减少，2013 年趋于稳定；其中农业用水量平稳减少，工业用水量和生活用水量平稳增加，生态用水量变化平稳，如图 8.18 所示。

2014 年用水总量比 2013 年减少 0.66 亿 m³。其中工业用水量和生态用水量比例均有一定程度的减少，减少比例分别为 0.55%和 0.02%，农业用水量和生活用水量比例均有一定程度的增加，增加比例分别为 0.21%和 0.33%。

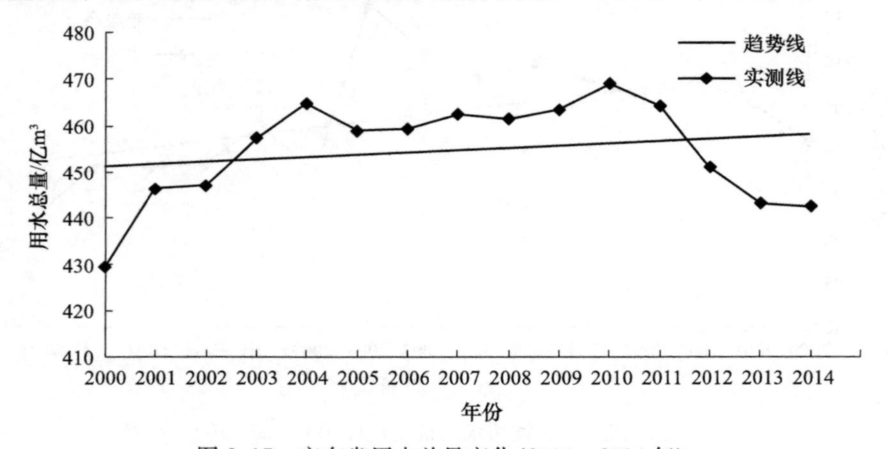

图 8.17 广东省用水总量变化(2000～2014 年)

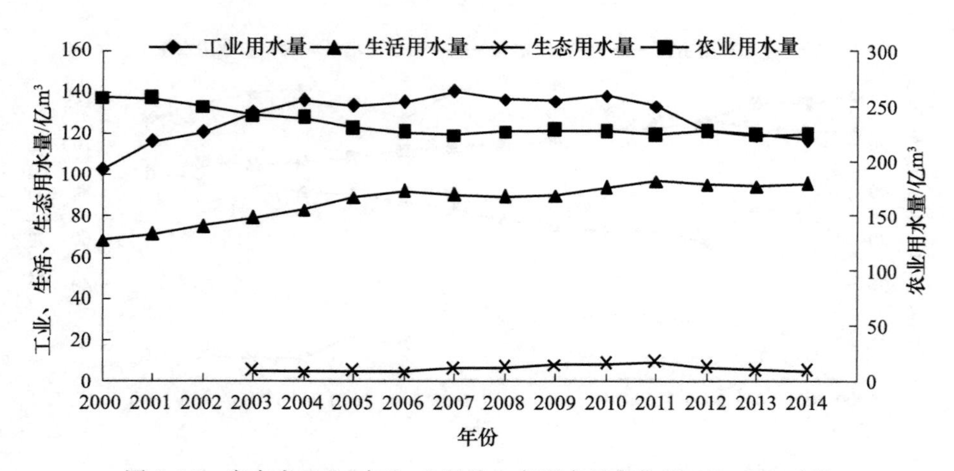

图 8.18 广东省工业、农业、生活及生态用水量变化(2000～2014 年)

2）制度落实措施

(1) 河北省。

河北省建立用水总量控制制度，严格控制区域用水总量。

用水总量控制。制定促进产业良性发展的水资源管理政策，鼓励和支持节水高效项目，逐步实现区域水资源供需平衡。对取用水总量已达到或超过控制指标的，暂停审批新增取水的建设项目，节水高效项目要通过区域内部调整、上大压小、扶优汰劣、水量置换等方式解决用水问题；对取用水总量接近控制指标的，优先保障低消耗、低排放和高效益的产业发展，禁止建设高耗水、高污染、低效益的项目。利用两年时间制定和完善河流、湖库、引江、引黄水量分配方案。新增取水许可审批要符合河北省《用水定额》标准，在当地用水总量控制指标内通过水资源论证审批，满足节水要求且须安装符合标准的计量设施。

严格水资源论证。严把新上项目准入关，把水资源论证作为建设项目审批、核准和开工建设的前置条件，制定国民经济和社会发展规划要充分考虑当地水资源条件，编制城市总体规划、工业聚集区和工业园区规划及重大建设项目布局，要开展水资源论证，逐步建立规划水资源论证制度，促进生产力布局、产业结构与水资源承载能力相协调。完善公众参与和监督制度，建立建设项目水资源论证后评估制度和业主单位、论证单位、审查专家及审批机关责任追究制度。

严格实施取水许可。建设项目落实水资源论证报告确定的节约、保护和管理措施后，方可发放取水许可证。加强取水许可监督管理，细化计划用水管理措施，保护取用水单位和个人的合法权益。未经水行政主管部门批准，不得随意取水或改变用水计划。取水许可证有效期届满须延续的，要进行水平衡测试，全面评估产品、规模、技术、工艺和实际取用水变化情况，合理核定取用水量。

强化地下水管理和保护。重新核定并公布地下水超采区，划定禁采和限采范围。在地下水超采区域内，严格控制新增取用地下水，除生活用水外，一律不再审批新的机井。加快地下水动态监测网站工程建设，实行区域地下水开采总量和地下水水位双控制，建立地下水位预警机制。在城市公共供水管网覆盖范围内，严禁新增自备水源和自备水源用户，在城市公共供水可到达的地区，严格控制并逐步减少自备水开采量。制定实施南水北调受水区地下水压采实施方案，南水北调工程建成通水后，受水区各市（含县城）自备井全部关闭，逐步削减南水北调受水区地下水超采量。

加强水资源费征收管理。全面落实《河北省水资源费征收使用管理办法》要求，依法按时足额征收水资源费。加强对水资源费征收与使用情况的监督检查，对不按规定征收、缴纳或使用水资源费的，依法严肃查处。逐步开展农业用水超限额征收水资源费，全面落实发电、工矿、基建施工、公共供水企业和服务业的水资源费征收。

积极推进非常规水利用。开发利用微咸水、再生水、海水淡化、雨洪资源等非常规水，并纳入水资源统一管理。在中东部平原地区积极推广地下水咸淡混合灌溉；加大再生水利用力度，其中城市生态用水要优先使用再生水和雨水；新建建筑面积达到一定规模的宾馆、公共设施、小区等建设工程要配套建设中水设施；大力发展以山丘区、城区为主的集雨工程建设；扩大沿海地区海水直接利用和海水淡化规模。对开发利用非常规水资源的，不计入区域用水总量控制指标。

加强水资源统一管理和调度。对地表水与地下水、本地水与调入水、常规水与非常规水实行统一调度，统一管理。制定全省水资源调度方案、年度调度计划和应急调度预案，统筹生产、生活和生态供水调度，保障供水安全、粮食安全、经济安全和生态安全。

2015 年 3 月，河北省政府组织对 11 个设区市和定州市、辛集市于 2014 年实行最严格水资源管理制度落实情况进行了考核，考核主要侧重监督考核和监测评估目标、制度建设和措施落实情况、重点用水监控单位严格用水情况等三项内容，主要检查了用水总量、地下水开采总量、万元工业增加值用水量、农田灌溉水有效利用系数、重要水功能区水质达标率、城市饮用水水源地水质达标率、城市供水产销差率、水资源论证及取水许可制度、水资源监控能力建设、水资源费征收及上缴、入河排污口管理、水平衡测试计划落实情况、制度建设、考核组织、工业企业用水重复利用率、工业企业计量设施安装率、工业企业用水管理情况、农业节水灌溉率、农业用水计量设施安装率、城镇生活人均用水量等 20 项指标。

根据通报，优秀单位为沧州市、张家口市、邯郸市，良好单位为保定市、廊坊市、承德市、唐山市、石家庄市、秦皇岛市、衡水市、邢台市、定州市和辛集市，无不合格单位。

通报要求，各市要进一步提高对最严格水资源管理制度考核工作的认识，严格落实用水总量控制、用水效率控制、水功能区限制纳污“三条红线”目标要求，不断加强水资源节约保护和监控能力建设，不断优化水资源配置，提高水资源承载能力，促进水生态文明建设，为全省经济社会持续健康发展提供有力保障。

(2) 山东省。

2015 年 9 月 9 日，水利部和山东省人民政府组织召开山东省加快实施最严格水资源管理制度试点工作验收会议，山东省顺利通过了加快实施最严格水资源管理制度试点工作验收，标志着山东省将成为全国首个实施最严格水资源管理制度试点示范省。

会议成立由水利部、山东省政府等有关部门和单位专家、领导组成的实施最严格水资源管理制度试点工作验收委员会，在前期专家组技术预验收的基础上，验收委员会成员听取了山东省水利厅有关负责同志作的专题汇报，观看了反映两年来山东加快实施最严格水资源管理制度试点工作探索做法和经验成效的专题片，听取了专家技术预验收情况说明，验收委员会一致认为，山东省在试点期间圆满完成各项工作任务，达到了预期目标，起到了试点工作探索和示范的作用，具有推广和借鉴意义，同意通过验收。

据山东省水利厅工作人员介绍，经主动申请，2011 年山东省成为全国七个加快实施最严格水资源管理制度试点省之一，在全国率先探索建立实行最严格的水资源管理制度。2013 年 1 月，水利部、省政府联合批复《山东省加快实施最严格水资源管理制度试点方案》，确定以 2012～2013 年为试点期，提出五大工作任务、35 项具体工作内容及 11 项具体指标，成立以省水利厅牵头，省发展改革委，省经信委、省财政厅等省直十部门共同参与的试点工作领导小组，齐抓共管做好试点各项工作任务。试点工作结束后，山东省水利厅会同试点工作领导小组其他成员单位联合组织了自验收，并于 2014 年底向水利部递交了验收申请。2015 年 5 月，水利部委托水资源管理中心组织开展了试点技术预验收，经过查看资料、核查数据、现场考察等环节，专家组认为山东省试点工作任务目标全部完成，具备验收条件，同意提交验收委员会进行正式验收。

经过两年的试点期，山东省试点方案确定的五大工作任务、35 项具体工作内容全部完成，初步构建起具有山东特色的、涵盖制度体系、指标体系、工程体系、监管体系、保障体系、评估体系等六大体系在内的最严格水资源管理制度框架体系。一是强化用水总量控制刚性约束力，努力实现水资源开发利用从供水管理向需水管理转变。二是科学配置水资源，加快水资源配置工程体系建设，加大非常规水资源开发利用规模，提高水资源供水保障及调配能力。三是落实节水优先方针，全面实行非农用水户的“年计划、月调度、季考核”，强化计划用水管理，提高用水效率。四是率先完成省、市、县三级“三条红线”控制指标分解，构建了山东省较为完善的实行最严格水资源管理制度体系。五是建立水资源管理责任与考核制度，明确地方政府主体责任，对设区的市人民政府落实最严格水资源管理制度情况进行考核。六是以水生态文明城市创建为抓手，统筹水资源管理、配置、节约和保护工作，努力实现人水和谐。

经过两年多的探索，山东省在水资源管理制度建设、管理理念、管理措施、监督考核等方面大胆实践，取得了显著成效，实现了以有限的水资源支撑和保障经济社会的快速发展。与试点前相比，全省用水总量由 2011 年的 224 亿 m^3 减少到 2014 年的 214.52 亿 m^3；万元工业增加值用水量比 2010 年减少 20.6%，重要江河湖泊水功能区水质达标率提高到 67.4%，农田灌溉水有效利用系数由 2011 年的 0.6063 增加到 2014 年的 0.627。在国务院办公厅组织的对 31 个省、自治区、直辖市 2013 年、2014 年实行最严格水资源管理制度考核中，山东省连续两年获得优秀等次。

山东省水利厅表示，根据省委省政府的部署和水利部的要求，协同各有关部门，推进最严格的水资源管理制度的全面落实，实现以水资源的可持续利用支撑和保障山东省经济社会的可持续发展。下一步重点在以下几个方面加强工作：一是要顺应依法治水的大趋势，加大完善最严格水资源管理制度法规建设的力度；二是要顺应生态文明建设的大趋势，加大最严格水资源管理制度社会推进的力度；三是要顺应政府改革的大趋势，加大最严格水资源管理制度试点创新的力度。

山东省水利厅下发关于2014年实行最严格水资源管理制度考核结果的通报，泰安市以97.95分位列全省第一名；威海市总成绩97.63分，全省排名第二，属优秀等次；济宁市得分96.84分，全省排名第三，属优秀等次。

根据《山东省实行最严格水资源管理制度考核办法》规定，省政府每年都要对各城市贯彻落实最严格水资源管理制度情况进行考核。近年来，在"三条红线""四项制度"宏观政策引领下，全市从小处着手，从具体工作下手，不提空口号，不做空虚文章，在强化水资源论证、规范取水许可、推行节约用水、加强水资源保护、推进监督考核等方面均取得了实实在在的成绩，全面完成了省水利厅下达给全市的各项任务目标，推动了水资源管理水平提升。

(3) 浙江省。

"节水优先、空间均衡、系统治理、两手发力"，这是新时期指导我国治水的基本方针。"治污水、防洪水、排涝水、保供水、抓节水"，以"五水共治"加快推进转型升级，这是浙江省高水平建设全面小康标杆省份的重要战略举措。这一切，均与实行最严格水资源管理，增强水资源水生态保障能力密切相关。

实行最严格水资源管理，提高经济社会发展与水资源水环境承载能力的协调水平，已成为浙江省践行绿色发展理念，建设生态浙江的最为基础的支撑之一。

"十二五"期间，特别是2012年国务院出台实行最严格水资源管理制度的有关文件以来，浙江省全面加强水资源开发利用和节约保护管理，全省实行最严格水资源管理工作取得重要进展和显著成效，用水总量、用水效率、水功能区纳污总量控制三大指标全面完成，绩效考核位居全国前列。

浙江省高水平全面建成小康社会开始进入决胜阶段，水资源管理工作意义更加凸显，任务更加艰巨。按照国家关于加快生态文明建设和实行最严格水资源管理的决策部署，"十三五"期间，浙江省将重点落实五大任务，抓好十八项主要工作，确保达成预定目标，为建设"两富""两美"现代化浙江提供强有力的水资源保障。

"十二五"期间，我国开启了实行最严格水资源管理制度的破冰之旅。对此，浙江省政府高度重视，专门成立了水资源管理与水土保持工作委员会，加强组织领导。2012年国务院出台实行最严格水资源管理制度的有关文件之后，浙江省政府迅速制定印发了关于实行最严格水资源管理制度，全面推进节水型社会建设的实施意见和考核办法。2013年，省委省政府作出“五水共治”重大决策部署，全面加强水资源开发利用和节约保护管理。

据2014年统计，全省用水总量为192.87亿m^3，比2010年减少2.5%；万元GDP用水量50.7m^3，比2010年减少28.9%，万元工业增加值用水量33.07m^3，比2010年减少30.82%，农田灌溉水有效利用系数0.579，比2010年增加0.019；重要江河湖泊水功能区水质达标率74.1%，提前一年超过国务院下达的“十二五”期末69%的目标值，全省水资源管理创造了可圈可点的绩效。

实行最严格水资源管理制度，考核体系是关键。在各有关部门的大力支持配合下，浙江省顺利完成2013年度、2014年度国家考核，并在2014年度取得了全国第五和优秀等次的较好成绩。而今，省对设区市政府考核工作正式启动，省政府出台了实行最严格水资源管理制度的实施意见，省政府办公厅出台了考核暂行办法，下达了各市水资源管理控制目标，省水利厅等10个部门联合出台了考核实施方案。

在市县层面，各设区市政府均出台考核办法，完成控制指标向县(市、区)分解，“三条红线”控制指标已覆盖省市县三级行政区。在对各市2013年度水资源管理工作进行监督检查的基础上，2015年省级有关部门联合对各市2014年度实行最严格水资源管理制度工作进行了考核，考核结果经省政府同意，已予公布，其中温州、湖州、衢州为优秀，其他各市为良好。

(4) 广东省。

2014年广东省实施最严格水资源管理“三条红线”管控目标达到年度考核目标值，并在法规制度建设、水资源管理考核、水资源优化配置、水资源保护等方面成效明显。国务院最严格水资源管理“三条红线”考核检查组一行前来广东考核检查2014年度实行最严格水资源管理制度工作开展情况。考核检查组对广东推进最严格水资源管理制度工作表示高度肯定，初步核查表明，2014年广东省实施最严格水资源管理“三条红线”管控目标达到年度考核目标值，并在法规制度建设、水资源管理考核、水资源优化配置、水资源保护等方面成效明显。

广东农业用水量、工业用水量、用水总量和人均综合用水量等4项指标连续4年持续下降，2014年，广东顺利完成最严格水资源管理国家年度考核的各项目标要求，并将继续强化最严格水资源管理考核监督，对各市年度考核结果进行通报，对年度考核优秀的城市给予表扬，对排名靠后的城市给予批评并对存在问题限期整改。

广东省水资源时空分布与生产力布局不相匹配，汛期时大量水资源以洪水形式流入大海，难以利用。国家下达广东2015年、2020年、2030年用水总量控制指标分别为457.61亿m^3、456.04亿m^3、450.18亿m^3，阶段性递减。而广东省部分地区现状用水总量已接近或超过用水总量控制指标，地区间争夺水权明显，水资源已成为制约广东经济社会可持续发展的重要资源性因素之一。正是在这种严峻形势下，广东于 2011 年底和 2012 年初，先后出台最严格水资源管理制度实施方案和考核暂行办法，并制定了考核细则，在全国率先开展实行最严格水资源管理制度考核工作，使全省近年在 GDP 持续增长的同时，用水总量得到有效控制。省水利厅介绍，广东农业用水量、工业用水量、用水总量和人均综合用水量等 4 项指标连续 4 年下降。2014 年全省万元工业增加值用水量比 10 年前下降 74.4%。

对照年度考核目标要求，2014 年，全省供用水总量为 442.54 亿 m^3（含火核电直流式冷却水用量 36.23 亿 m^3），低于 457.61 亿 m^3 的年度控制目标；万元工业增加值用水量 $36m^3$，比 2010 年下降 34%，大于下降 26%的年度控制目标；农田灌溉水有效利用系数为 0.475，高于 0.467 的年度控制目标；列入国家考核的重要江河湖泊水功能区达标率为 69.6%，高于 66%的年度控制目标。2014 年，广东顺利完成最严格水资源管理年度考核的各项目标要求。

在用水总量控制方面。对所有新建、改建、扩建需取水的建设项目全面实施水资源论证。同时，积极推进各城市地方规划水资源论证工作。严格控制区域取用水总量，加快制定主要江河流域水量分配方案。严格水资源有偿使用，水资源费征收数额稳步上升，2014 年全省水资源费征收总额达 15.37 亿元，比上年增加 4.9%。广东省还要对实行最严格水资源管理制度 2020 年和 2030 年的控制指标进行分解，并对 2015 年以后的考核办法进行修订。重点要与国家考核在指标选择、统计口径和各部分评分权重等方面进行衔接，同时根据广东实际情况，适当保留广东特色。

3. 中部地区

1) 用水总量变化特征

(1) 黑龙江省。

2014 年黑龙江省用水总量达 364.13 亿 m^3。其中农业用水量为 316.1 亿 m^3，占比 86.81%；工业用水量为 29 亿 m^3，占比 7.96%；生活用水量为 17.7 亿 m^3，占比 4.86%；生态用水量为 1.3 亿 m^3，占比 0.36%。

2000～2014 年黑龙江省用水总量变化整体呈增加趋势，2000～2002 年用水总量迅速减少，之后用水总量平稳增加；其中农业用水量平稳增加，工业用水量在 2000～2003 年迅速减少，2003～2010 年变化平稳，2010 年后继续减少，生活用水量和生态用水量变化平稳。

2014 年用水总量比 2013 年增加了 1.83 亿 m^3（图 8.19）。其中工业用水量和生态用水量比例均有一定程度的减少，减少比例分别为 1.42%和 0.47%，农业用水量和生活用水量比例均有一定程度的增加，增加比例分别为 1.71%、0.14%，如

图 8.20 所示。

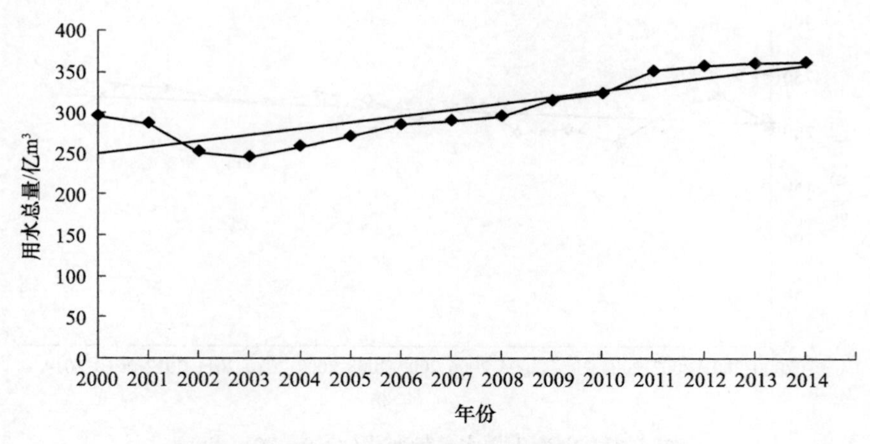

图 8.19 黑龙江省用水总量变化(2000～2014 年)

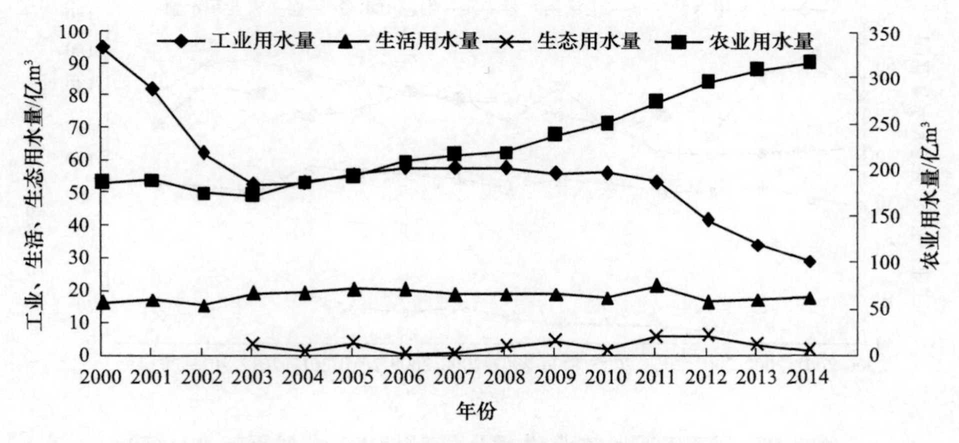

图 8.20 黑龙江省工业、农业、生活及生态用水量变化(2000～2014 年)

(2) 河南省。

2014 年河南省用水总量达 209.29 亿 m³。其中农业用水量为 117.6 亿 m³，占比 56.19%；工业用水量为 52.6 亿 m³，占比 25.13%；生活用水量为 33.4 亿 m³，占比 15.96%；生态用水量为 5.69 亿 m³，占比 2.72%。

2000～2014 年河南省用水总量变化整体呈增加趋势，变化平稳；其中农业用水量呈波动减少趋势，工业用水量呈平稳增加趋势，生活用水量变化平稳，生态用水量平稳增加。

2014 年用水总量比 2013 年减少了 33.31 亿 m³(图 8.21)。其中农业用水量比例有一定程度的减少，减少比例为 2.66%，工业、生活、生态用水量比例均有一定程度的增加，增加比例分别为 0.44%、2.08%和 0.14%，如图 8.22 所示。

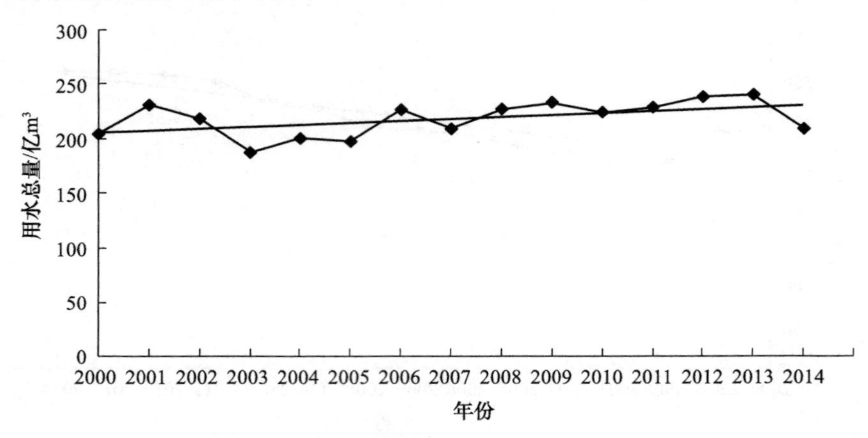

图 8.21　河南省用水总量变化(2000～2014 年)

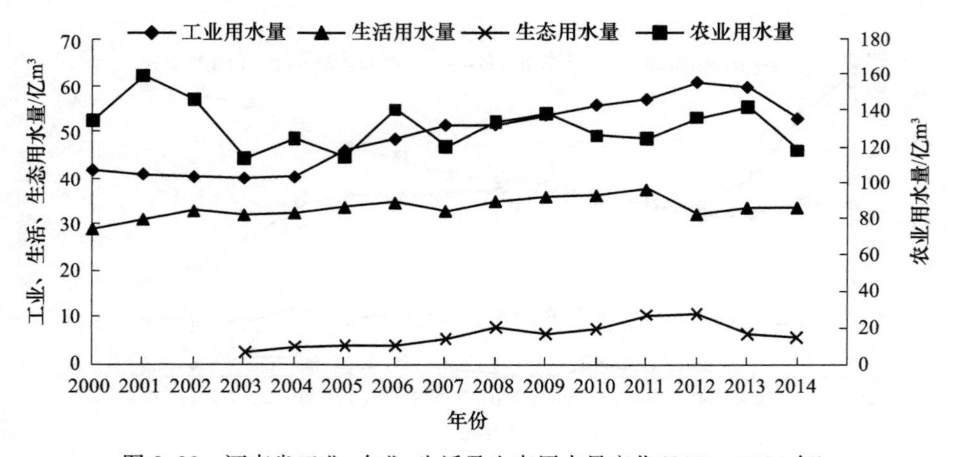

图 8.22　河南省工业、农业、生活及生态用水量变化(2000～2014 年)

2）制度落实措施

(1) 黑龙江省。

控制用水总量，强化用水监督管理。健全取用水总量控制指标体系，制定完善的牡丹江、倭肯河、乌裕尔河等主要河流水量分配方案。加强相关规划和项目建设布局水资源论证，国民经济和社会发展规划以及城市总体规划的编制、重大建设项目的布局应充分考虑当地水资源条件和防洪要求。严格取水许可审批，对取用水总量已达到或超过控制指标的地区，暂停审批其建设项目的新增取水许可。对纳入取水许可管理的单位和其他用水大户实行计划用水管理，建立重点监控用水单位名录。新建、改建、扩建项目用水要达到行业先进水平，严格落实建设项目节水设施“三同时”要求。到2020年,全省用水总量控制在352.34亿m^3以内。严控地下水超采。在黑龙江省地质灾害防治规划划定的地质灾害易发区开发利用地下水,应进行地质灾害危险性评估。从严审批地热水、矿泉水开发取水许可和采矿许可。依法规范机井建设管理,开展已建机井排查登记,逐步关闭未经批准的和公共供水管网覆盖范围内的自备水井。2017年底前,完成地下水超采区复核和禁采区、限采区范围划定。积极推进哈尔滨市、大庆市超采区综合治理,禁止超采区内工农业生产及服务业项目新增取用地下水,逐步削减地下水开采量,到2020年,基本实现地下水采补平衡。

黑龙江省政府办公厅下发关于2014年度实行最严格水资源管理制度考核结果的通报。通报指出,根据《黑龙江省实行最严格水资源管理制度考核办法》规定,省政府实行最严格水资源管理制度考核工作组对全省各市(地)2014年度落实最严格水资源管理制度情况进行了考核。全省各市(地)考核等级均为合格以上,哈尔滨市在考核中名列第一。

(2)河南省。

严格取用水总量控制管理。加快推进省内长江、淮河、黄河、海河四大流域主要河流水量优化配置,逐步实行流域和区域相结合的科学管理。按照国家确定的用水总量控制指标,建立覆盖省、市、县三级行政区域的取用水总量控制指标体系,实施流域和区域取用水总量控制。分配到各行政区域的用水总量控制指标,要作为编制国民经济和社会发展规划、城市总体规划、行业发展规划及调整优化产业结构和布局的重要依据。县级以上人民政府要根据分配的阶段性水量控制指标编制年度取用水计划,依法对本行政区域的年度用水实行总量管理。年度用水计划报上一级水行政主管部门备案。加快开展黄河和南水北调中线工程水权交易研究,探索建立水权制度,运用市场机制合理配置流域和区域水资源。鼓励中水回用和雨水利用,超用部分不计入用水总量控制指标。

严格实施取水许可制度。严格流域和区域取水许可总量管理,取用水单位和个人要依法申领取水许可,非法取水行为由有关主管部门配合水行政主管部门依法取缔。严格规范取水许可审批管理,对取用水总量已经达到或超过控制指标的地方,暂停审批建设项目新增取水;对取用水总量接近控制目标的地方,限制审批建设项目新增取水;对不符合国家产业政策或列入国家产业结构调整指导目录淘汰类的,产品用水不符合《河南省用水定额》标准的,在城市公共供水管网能够满足用水需要却通过自备取水设施取用地下水的,以及地下水已严重超采的地方取用地下水的建设项目取水申请,审批机关不予批准。加快建立全省取水许可管理登记信息台账,2014年年底前将各地依法应办理取水许可证的取水户全部登记入库。

严格规划和建设项目水资源论证。全面加强相关规划和建设项目水资源论证工作,国民经济和社会发展规划以及城市总体规划的编制、重大建设项目的布局,要与当地水资源条件和防洪要求相适应，与当地相关水资源规划相衔接。严格执行水资源论证制度，重大建设项目、各类开发区、产业集聚区、城市(城镇)新区布局规划应开展水资源专题研究。未依法开展和完成水资源论证工作或未经水行政主管部门审查通过的，投资主管部门不予审批和核准建设项目，规划审批部门不予批准规划；对擅自开工建设或投产的建设项目一律责令停止。

严格执行水资源有偿使用制度。积极推进水资源费改革，综合考虑水资源状况、经济发展水平、社会承受能力以及不同产业和行业取用水特点，结合水利工程供水价格、城市供水价格、污水处理费改革进展情况，合理调整水资源费标准，充分发挥价格杠杆在水资源配置和节约用水方面的作用。开征矿坑排水、建筑疏干排水等水资源费，扩大水资源费征收范围。完善水资源费征收、使用和管理制度，严格按照规定的征收范围、对象、标准和程序征收，确保应收尽收，任何单位和个人不得擅自减免、缓征或停征水资源费。水资源费主要用于水资源节约、保护和管理，严格依法查处挤占挪用水资源费的行为。

加大地下水管理和保护力度。尽快组织开展地下水超采区复核工作，划定地下水禁采和限采范围，报经省政府批准公布。加强地下水动态监测基础设施建设，建立健全监测网络。在限采区严格控制新凿井和地下水开采量；在禁采区禁止新凿井，并由当地政府组织实施综合治理，逐步恢复地下水位。尽快编制并实施全省地下水利用与保护规划及南水北调中线工程受水区、地面沉降区地下水压采方案，逐步削减开采量。南水北调中线工程建成通水后，受水区公共供水应优先取用南水北调水，供水管网覆盖范围内的自备井应全部关闭，根据各地地下水源状况封停地下集中取水水源，将其作为备用水源。加强地下水源热泵系统凿井和取用水管理。建设地下水地源热泵系统，要依法办理取水许可证。地下水源热泵系统水井工程在运行过程中，回灌水不得影响地下水水质，回扬水应充分利用，不得直接排放，取水单位和个人要采取必要措施，保证地下水源热泵系统灌采比不低于95%。

加强水资源统一调度。县级以上政府水行政主管部门要根据当地取用水总量控制指标和水资源开发利用情况，依法制定和完善水资源调度方案、应急调度预案和调度计划，对水资源实行统一调度。区域水资源调度要服从全省和流域水资源统一调度，水力发电、供水、航运等调度要服从流域和区域水资源统一调度。水资源调度方案、应急调度预案和调度计划一经批准，各地政府和部门等必须服从。

加快水资源配置工程建设。以南水北调中线工程为依托，以长江、淮河、黄河、海河四大流域为基础，逐步构建“南北调配、东西互济”的水资源宏观配置格局。加快南水北调中线工程受水区城市供水配套工程、城市供水管网改造及其他集中供水设施建设，确保与主体工程同步建成、同步达效；加快小浪底南岸、北岸和赵口二期等大型引黄灌区以及西霞院水利枢纽输水工程、引黄调蓄工程建设，充分利用黄河水资源；加快沁河河口村、淮河出山店等水库工程和矿井水回用工程以及城市、产业集聚区污水回用工程建设；加快河渠湖库与供水管网联通工程建设，逐步形成保障有力、布局合理、引排顺畅、蓄泄得当、丰枯调剂、多源互补、调控自如的城乡生活生产生态供水水网体系。

河南省人民政府公布了该省实行最严格水资源管理制度考核结果。18个省辖市中许昌、南阳等6市考核成绩为优秀。

2014年河南全省实际用水量为209.29亿m^3，比国定253亿m^3控制目标低43.71亿m^3。万元工业增加值用水量为28.9m^3，下降37.2%。农田灌溉水有效利用系数控制目标为0.595，实际达到0.598。164个水功能区水质达标率61.2%，相比2013年提高17%。

河南省水利厅水政水资源处介绍，在2014年全国最严格水资源管理制度考核排名中，河南省由2013年的倒数第2位上升到第11位，考核等级为良好。

河南省在2015年7月组织了对18个省辖市的考核。结果显示，省辖市中，考核结果为“优秀”的有6市，按照分数高低依次为：许昌、安阳、郑州、济源、南阳、焦作；良好的有12市，按照分数高低依次为：信阳、洛阳、周口、平顶山、新乡、鹤壁、驻马店、开封、商丘、濮阳、三门峡、漯河。

10个省直管县中，长垣县为优秀，永城、兰考、巩义、固始、新蔡等5县（市）为良好，邓州、汝州、滑县、鹿邑为合格。总体来看，省辖市好于省直管县，市本级好于所辖县区。

最严格水资源管理制度是国务院为解决我国复杂的水资源水环境问题出台的制度。主要包括确定水资源开发利用、用水效率、水功能区限制纳污等“三条红线”，实施用水总量控制、用水效率控制、水功能区限制纳污、水资源管理责任和考核等“四项制度”。

河南省2015年、2020年、2030年三个阶段用水总量控制目标，分别是260亿m^3、282.15亿m^3、302.78亿m^3。水功能区水质达标率控制目标分别是56%、75%、95%。用水效率控制目标是确定到2015年河南省万元工业增加值用水量比2010年下降35%、农田灌溉水有效利用系数提高到0.6。

河南省人均水资源量仅为全国平均水平的1/5，为极度缺水省份。水资源问题已经成为该省经济社会可持续发展的主要瓶颈。河南省水利厅农水处表示，河南水资源使用占比中，农业用水约占60%，未来节水的重点及潜力仍在农业上。

4. 西部地区

1）用水总量变化特征

（1）云南省。

2014年云南省用水总量达149.4亿m^3。其中农业用水量为103.3亿m^3，占比 69.14%；工业用水量为 24.6 亿 m³，占比 16.47%；生活用水量为 19.5 亿 m³，占比 13.05%；生态用水量为 2 亿 m³，占比 1.34%。

2000～2014 年云南省用水总量变化整体呈增加趋势(图 8.23)，2000～2006 年用水总量变化平稳；2006～2011 年经历了陡增陡减的峰值变化，2011～2014 年经历小的峰值变化；其中农业用水量变化平稳，工业用水量和生活用水量在 2006 年之后呈明显增加趋势，生态用水量呈先增后减趋势，变化平稳，如图 8.24 所示。

2014 年用水总量比 2013 年减少了 0.3 亿 m³。其中农业用水量和生态用水量比例有一定程度的增加，增加比例分别为 0.54%和 0.47%，工业用水量和生活用水量比例均有一定程度的减少，减少比例分别为 0.43%和 0.64%。

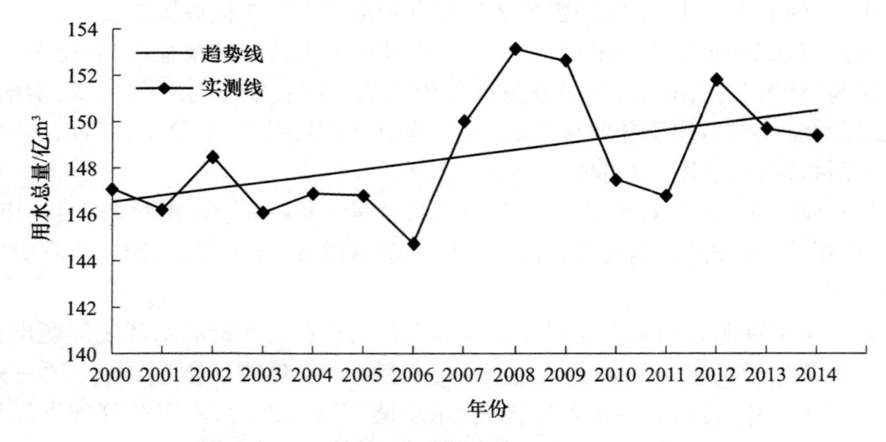

图 8.23　云南省用水总量变化(2000～2014 年)

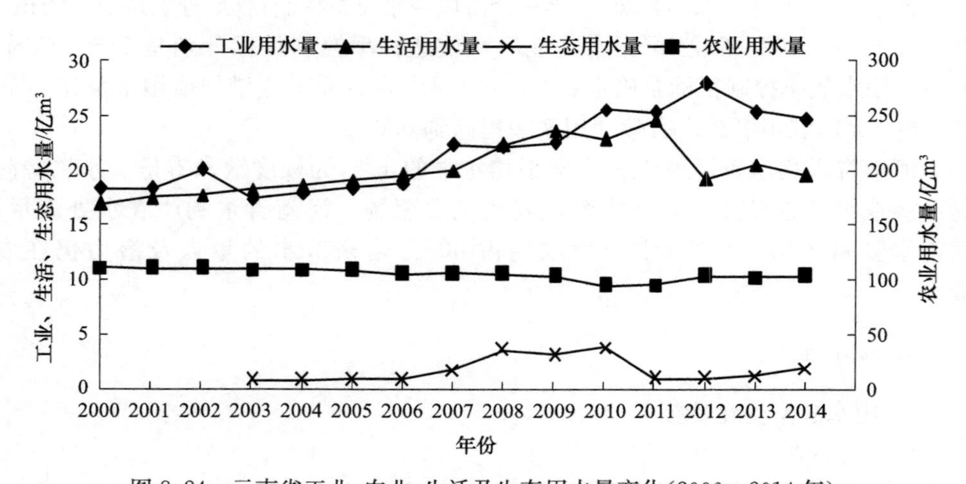

图 8.24　云南省工业、农业、生活及生态用水量变化(2000～2014 年)

(2) 青海省。

2014 年青海省用水总量达 26.34 亿 m^3。其中农业用水量为 21 亿 m^3，占比 79.73%；工业用水量为 2.4 亿 m^3，占比 9.11%；生活用水量为 2.5 亿 m^3，占比 9.49%；生态用水量为 0.44 亿 m^3，占比 1.67%。

2000～2014 年青海省用水总量整体变化平稳(图 8.25)；其中农业用水量呈波动增加趋势，工业用水量在 2008 年之前呈明显增加趋势，2009 年工业用水量急剧减少，2010～2014 年变化平稳，生活用水量整体变化平稳，生态用水量呈先增后减趋势，变化平稳，如图 8.26 所示。

2014 年用水总量比 2013 年减少了 1.86 亿 m^3。其中生活用水量和生态用水量比例有一定程度的增加，增加比例分别为 1.69% 和 0.61%，工业用水量和农业用水量比例均有一定程度的减少，减少比例分别为 1.17% 和 1.12%。

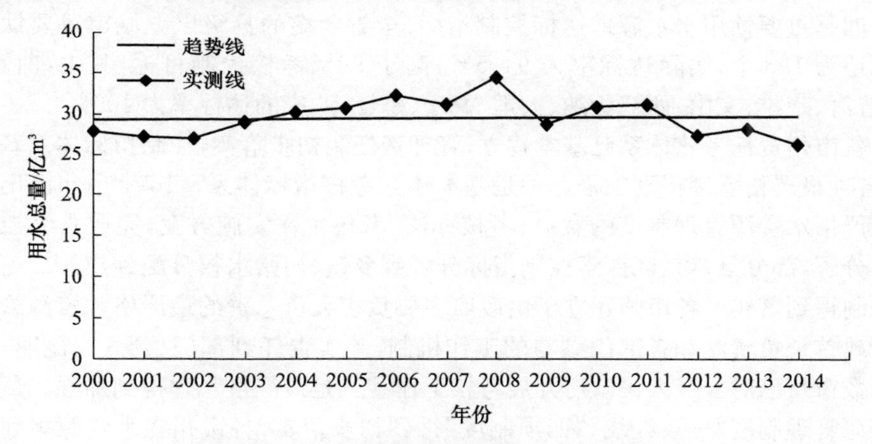

图 8.25　青海省用水总量变化(2000～2014 年)

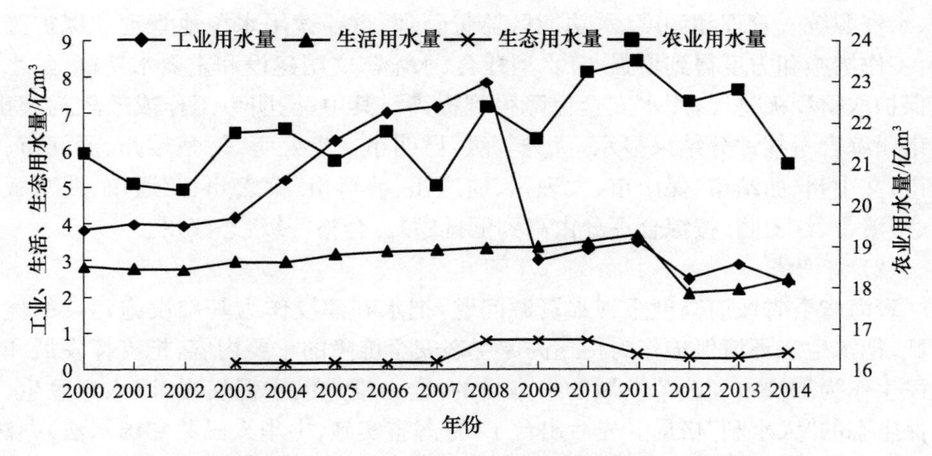

图 8.26　青海省工业、农业、生活及生态用水量变化(2000～2014 年)

2）制度落实措施

（1）云南省。

2014年云南省“三条红线”控制指标全面完成，各市州红线控制目标基本完成。一是用水总量控制目标，2014年全省年度用水总量为149.41亿m^3，低于国家下达的179.47亿m^3红线指标，其中，昆明、曲靖、玉溪、楚雄、西双版纳、迪庆等市州完成情况较好。二是用水效率控制目标，国家下达全省万元工业增加值用水量比2010年下降23.6%，考核结果实际降幅为39.8%，其中，昆明、曲靖、保山、丽江、临沧、文山、迪庆等市州完成情况较好；各市州农田灌溉水有效利用系数均完成年度控制红线目标。三是重要水功能区达标控制指标，全省16个市州重要江河湖泊水功能区考核目标为71.4%，实际总体达标率为75.4%，其中，昭通、西双版纳、德宏和怒江的重要江河湖泊水功能区达标率为100%，玉溪没有达到考核控制目标。四是重要饮用水水源地达标控制指标，全省考核的县级以上城市重要饮用水水源地为195个，实际达标率为94.5%，高于90%考核控制目标，其中，曲靖、保山、普洱、楚雄、文山、西双版纳、大理、德宏、怒江、迪庆的达标率为100%。

各市州责任考核体系已基本建立，管理责任制初步落实，控制指标体系基本构建，各项最严格管理得到加强。一是基本建立考核指标体系。16个市州已出台实行最严格水资源管理制度的意见、考核办法、考核工作实施方案，完成县级控制指标的分解，部分县、市、区探索控制指标分解到乡镇、初始水权分配到户。二是管理责任制得到落实。各市州建立了由政府主要负责人负总责的最严格水资源管理制度行政首长负责制和各部门参与的工作机制，落实责任到部门、到人。昆明、楚雄等多数市州已对县级人民政府开展考核工作。三是最严格管理得到加强。最严格水资源管理制度“三条红线”“四项制度”得到初步落实，各市州在水资源规划管理和水资源论证、取水许可和监督管理、水资源费征收和使用管理、地下水管理和保护、水资源统一管理和调度、水功能区监督管理、重要饮用水源地管理和保护等方面，工作措施和力度得到增强，节水型社会、水生态文明建设和重要水功能区、水源地保护取得积极进展，用水安全保障得到提高。其中，昆明市工作成效较为突出。各市州综合考核评分结果显示，优秀等级：昆明市。良好等级：楚雄州、丽江市、临沧市、文山州、曲靖市、保山市、大理州、迪庆州、普洱市、德宏州、昭通市、西双版纳州、玉溪市、红河州（按综合评分由高到低排序）。合格等级：怒江州。

（2）青海省。

青海省委省政府高度重视水资源问题，把水利建设作为基础设施建设的优先领域，把水生态环境保护作为构建高原生态安全屏障的重要内容，把支撑发展和改善民生作为加快水利改革发展的根本目的，全力推进以水促发展、以水惠民生、以水保生态的“大水利”格局。先后出台了《青海省实施〈中华人民共和国水法〉办法》《青海省取水许可和水资源费征收管理办法》《青海省饮用水水源保护条例》《青海省人民政府办公厅关于实行最严格水资源管理制度的意见》等法律法规和规范性文件，为水资源管理提供了法制保障，水资源开发利用进一步严格规范，节水型社会建设效果明显，水资源保护工作全力推进，水资源管理基础工作不断夯实，全省水资源开发、利用、节约、保护和管理工作取得了显著成效，用水效率和效益得到明显提高，水环境和水生态状况得到有效改善，有力地保障了全省经济社会发展和生态建设对水资源的需求。

青海虽然有“中华水塔”“江河源头”的美誉，但水资源时空分布不均、供需矛盾突出、水土流失严重、开发利用水平低等问题依然是全省水资源面临的主要矛盾，干旱缺水仍然是全省基本水情。根据 2014 年相关数据，全省水资源总量虽然有 629.3 亿 m^3，但仅占全国水资源总量的 2.2%，境内每平方公里面积平均水资源仅为 8.8 万 m^3，只有全国平均值的 1/3，水资源短缺一直是青海经济社会发展的瓶颈。未来一个时期，随着全省经济社会的快速发展和工业化、城镇化进程的加快，防洪要求不断提高，用水需求持续增长，排污压力日益增大，开发与保护的矛盾更加突出，增强防灾减灾能力的要求越来越迫切，强化水资源节约保护的工作越来越繁重，加快扭转农牧业“靠天吃饭”局面的任务越来越艰巨，水资源开发利用和节约保护与建设美丽中国、实现中国梦的要求相比还存在很大差距。

党的十八大作出了经济建设、政治建设、文化建设、社会建设和生态文明建设“五位一体”的总体布局，提出尊重自然、顺应自然、保护自然的生态文明理念，将建设生态文明作为关系人民福祉、关乎民族未来的长远大计来谋划部署，绘制了建设“美丽中国”的发展愿景。刚刚结束的全国两会又吹响了实现“中国梦”的时代号角，令人振奋，催人奋进。水资源作为基础性自然资源和生态环境的控制性要素，在建设“美丽中国”、实现“中国梦”的伟大进程中具有重要的支撑和保障作用。水资源的可持续利用不仅是经济社会可持续发展的根本前提，也是生态文明建设的先决条件。以水资源可持续利用、水生态系统完整、水生态环境优美为主要内容的水生态文明，是生态文明建设的资源基础、重要载体和显著标志。面对资源约束趋紧、环境污染严重、生态系统退化的严峻形势，面对生态文明建设的新要求，面对广大群众过上美好生活的新期待，当务之急就是要以落实最严格水资源管理制度为抓手和切入点，全面建设节水防污型社会，大力推进水生态修复等，给子孙后代留下山青、水净、河畅、岸绿的美好家园。

实行最严格的水资源管理，加快推进水生态文明建设，从源头上扭转水生态环境恶化趋势，是在更深层次、更广范围、更高水平上推动生态文明建设的重要内容，是促进人水和谐、推动生态文明建设的重要实践，是实现“四化同步发展”、建设“美丽中国”的重要基础和支撑。我们要把生态文明理念融入水资源开发、利用、治理、配置、节约、保护的各方面和水利规划、建设、管理的各环节，坚持节约优先、保护优先和自然恢复为主的方针，以落实最严格水资源管理制度为核心，全面确立“三条红线”体系，严格实行“四项制度”，着力强化水资源论证、取水许可、用水定额管理、水资源有偿使用、水功能区管理等关键举措，通过优化水资源配置、加强水资源节约保护、实施水生态综合治理、加强制度建设等措施，大力推进水生态文明建设，完善水生态保护格局，实现水资源可持续利用，提高生态文明水平。

为使此项制度真正落地见效，按照省委省政府的统一部署，青海省水利厅积极会同省直有关部门开展了大量深入细致的前期准备。一是制定办法。省政府办公厅制定并出台了《青海省实行最严格水资源管理制度考核办法》，将水资源管理“三条红线”4 项控制指标分解到各市州，并纳入市州经济社会发展目标责任考核体系。二是通盘部署。省考核办将此项制度列为重要的专项考核事项，统一安排，制定方案，单列分值，综合评价。组建了由省水利厅、省发展改革委、省经信委、省财政厅等 10 个厅局参加的考核工作组具体组织实施。三是加强监控。基本建立起了涵盖重要取水户、重要水功能区和主要界河断面水资源监控管理平台，保障“三条红线”控制指标可监测、可评价、可考核。四是严格程序。本着科学、严谨、客观、公正的原则，按照自查、核查、重点抽查、现场检查，以及听取汇报、查阅资料等考核程序，围绕目标完成、制度建设和措施落实三个方面，全面考核各市州用水总量、万元工业增加值用水量、农田灌溉水有效利用系数、重要江河湖泊水功能区水质达标率 4 项指标，并将考核结果及时上报省政府和省考核办进行综合评价。

根据省政府办公厅《青海省人民政府办公厅关于印发青海省实行最严格水资源管理制度考核办法的通知》(青政办〔2014〕51 号）和省考核办《关于认真做好 2015 年度市州和省直部门考核目标制定工作的通知》(青考核字〔2015〕9 号）要求，省水利厅会同省直有关部门，对各市州 2015 年度落实最严格水资源管理制度情况进行了考核。从考核情况来看，2015 年各市州人民政府高度重视最严格水资源管理制度的落实，严格执行国家及青海省水资源管理法律法规，在节约保护水资源、水生态文明建设等方面取得新成效，用水总量、万元工业增加值用水量、农田灌溉水有效利用系数和重要江河湖泊水功能区水质达标率等“三条红线”年度控制指标实现省控目标。

经考核评定，西宁市、海南州、海东市为优秀，海西州、玉树州、黄南州、海北州、果洛州为良好。经省政府研究同意，决定对考核优秀的西宁市、海南州、海东市政府予以通报表彰。

8.2.5 建议

1. 进一步完善用水总量控制的制度设计

以需水管理为核心，制定好全国、流域、区域用水总量控制指标制度，完善用水总量控制指标管理办法，加强用水总量控制指标执行和监督检查，充分发挥用水总量控制指标对经济发展和产业布局的基础导向作用和刚性约束作用。

2. 进一步强化取用水管理与计量监测

按照总量控制指标制订年度用水计划，实行行政区域年度用水总量控制，建立相应的监管制度，任何地方和任何单位都要严格执行，不得突破。要严格执行取水许可审批，提升取用水计量、监测、统计和信息化管理平台建设水平，加强取水计量监管。对超过取水总量控制指标的，一律不再审批新增取水。着力推进全国水资源信息管理系统建设步伐，重点加强取水、用水和排水等水资源监控能力建设，以及重要的取用水户、重要的水功能区、重要的饮用水水源地和主要省界断面监控体系的建设。

3. 严格水资源有偿使用和推进水权制度建设

合理调整水资源费征收标准，扩大征收范围，严格水资源费征收、使用和管理。水资源费主要用于水资源节约、保护和管理，严格依法查处挤占挪用水资源费的行为。在初始水权理论研究基础上，加快理论研究向实践转化进程，推动水权转让制度建设。在水权转换试点基础上，扩大试点范围，充分探索水权流转的实现形式，研究其全面推广的可行性；发挥市场作用，促进水权的高效转换，使其制度化、常态化。将水权制度与用水总量控制制度及年度用水计划三者有机结合，实现水资源的宏观、中观、微观及全方位、立体式管理。

4. 严格规划管理和切实加强水资源论证

大力推进国民经济和社会发展规划、城市总体规划和重大建设项目布局的水资源论证工作，推动规划水资源论证的着力点尽快从微观层面转入宏观层面，区域水资源论证工作应在区域用水总量控制指标框架下进行，从源头上把好水资源开发利用关，增强水资源管理在国家宏观决策中的主动性和有效性。对于水资源紧缺地区，为突出水资源的制约作用，可考虑实行一票否决制。切实加强建设项目水资源论证的技术审查。

第9章 结论与展望

水资源是人类赖以生存的基础性资源,是社会发展的经济性资源,是支撑生态环境系统循环运转必不可少的资源,是可持续发展的基础条件。由于各区域水资源本底条件不同,且工业化程度提高和城市化进程加快对水资源污染日趋加重,水资源循环和水资源供给问题越来越突出。随着时间的推移,不协调发展和不健康循环在“水”上表现更加突出。因此,如何实现水资源的健康循环和高效利用将是人类不得不高度重视和认真研究的课题。

本书在阐述“自然—社会”二元水循环和健康水循环认知模式,以及水资源高效利用基本理论的基础上,对区域健康水循环进行了评价,剖析了城市化对水循环的影响,深入分析了区域水资源利用演变规律及驱动因子,并核算农业、工业、生活水资源利用效益,最后实证评价实行最严格水资源管理制度考核。

9.1 结论

1. 厘清河南省水资源禀赋及用水情况

河南省18城市缺水类型不尽相同,如郑州、开封、洛阳等属于水质型缺水;许昌、漯河、平顶山等属于资源型缺水;安阳、鹤壁、商丘、周口、驻马店、济源属于工程型缺水。各城市应根据实际水资源禀赋调整用水结构,进行产业升级,以期改善缺水状态,提高水资源利用率。2003～2013年,河南省除生活用水量变化平稳之外,用水总量、农业用水量、工业用水量和生态用水量均有不同程度的增长,增幅分别为28.2%、25.0%、48.8%、157.9%。从用水结构来看,农业用水占比明显高于工业用水、生活用水和生态用水,2003～2013年农业用水量占用水总量的55.91%～62.05%。尽管农业用水占比十年间略有降低,但始终高于55%。

2. 构建并评价河南省健康水循环体系

从水生态水平、水资源质量、水资源丰度和水资源利用四个维度评价河南省健康水循环。2007～2013年河南省健康水循环评价在病态与亚健康之间波动。其中,水生态水平维度除2007年和2010年处于亚健康状态外,其余年份均为健康;水资源质量维度处于严重病态和病态状态;水资源丰度维度在研究期内处于亚健康和健康状态；水资源利用维度长期处于病态状态。因此，河南省水质监测和水功能区达标控制需进一步完善，并且河南省农业、工业和生活水资源利用率整体偏低，需加强节水意识，多方面提高用水效率，改善水资源利用的病态状态。

3. 分析研究城市化对水循环的影响

中原城市群城市化水平与工业和生活用水量呈显著对数增长关系，城市化水平越高，所需的工业和生活用水量就越多，水资源对中原城市群的胁迫性将越来越强；中原城市群城市化水平与单方水GDP呈显著线性增长关系，城市化水平越低，所产生的单方水GDP增幅越少，即体现了用水效益边际性；中原城市群城市化水平与人均生活用水量呈对数增长关系，但是显著性要低于城市化水平与工业、生活用水量和单方水GDP之间的定量关系。这是由于人均生活用水量受城市定位、用水习惯和产业结构等影响，变化规律不明显，进而与城市化率的相关关系显著性偏弱。

4. 解析河南省水资源利用结构演变规律及驱动因子

在研究期间，河南省用水结构信息熵波动上升，用水结构通过自组织逐渐向有序化发展。省内大部分城市的信息熵在0.75～1.15波动。经济发达地区各用水类型间差别缩小，用水结构均衡性增强，信息熵值较经济低发达地区偏大。利用因子分析法，借助SPSS软件，分析影响河南省用水结构较大的因子有人口总数、有效灌溉面积、粮食产量、GDP、节水灌溉面积、园林绿地面积和城镇居民消费水平。因此，控制人口增长、提高经济效益、推广农业节水技术是解决河南省水问题的主要途径。

5. 核算河南省农业、工业和生活水资源利用效益

研究期间，河南省农业、工业和生活用水边际效益基本上逐年提高，生活、工业用水边际效益明显高于农业，并且经济高发达地区的用水边际效益高于经济低发达地区；从用水边际效益增长率而言，农业和工业用水边际效益增长率随经济发展程度不断提高，而生活用水边际效益增长率则相反。通过对河南省18个城市的空间差异分析可得，农业、工业、生活用水边际效益高的地区表现为节水技术先进、用水方式集约及政策大力扶持。就目前河南省经济发展水平而言，用水边际效益仍处于上升阶段。用水边际效益反映的是水资源的经济价值，这只是水资源价值的一个方面，应综合考虑其经济效益、生态效益和社会效益，以实现河南省水资源的可持续利用。

9.2 展　　望

区域健康水循环评价和水资源高效利用是一项涉及多学科的问题，需深入探

讨和研究的工作主要有以下两个方面。

1. 区域健康水循环评价指标体系的普适性问题

本书初步构建健康水循环评价体系，在借鉴相关研究成果及国家标准的基础上，结合河南省水环境实际状况，提出适合研究区的健康阈值。无论是指标体系的构建还是阈值的确定，都有较强的指向性，而缺乏普适性。因此，需要进一步缩小评价的时间尺度和空间尺度，提高精细水循环过程影响研究，增强区域健康水循环评价指标体系及其阈值的普适性，使其更具有现实指导意义。

2. 水资源高效利用分析的约束条件问题

目前对水资源高效利用的研究倾向于水量控制，如以水量在产业间的流动计算边际效益，再如通过水量模拟剖析用水结构的演化趋势。但是水资源兼具水量和水质两方面，高强度的人类活动使得水量和水质均遭到破坏，而满足水质要求的水量才能被充分利用，因此需要同时以水量和水质控制为约束条件，研判水资源高效利用。